FORSCHUNGSBERICHTE DES LANDES NORDRHEIN-WESTFALEN

Nr. 3204 / Fachgruppe Elektrotechnik/Optik

Herausgegeben vom Minister für Wissenschaft und Forschung

Dipl.-Ing. Martin Ring
Prof. Dr.-Ing. Wilhelm Schwarz

Fachbereich Maschinentechnik
Universität - Gesamthochschule - Siegen

Gestaltung und Optimierung von Kurzschlußläufermotoren für den Einsatz in Puffermedien unter hohem Druck

Westdeutscher Verlag 1986

CIP-Kurztitelaufnahme der Deutschen Bibliothek

Ring, Martin:
Gestaltung und Optimierung von Kurzschluß-läufermotoren für den Einsatz in Puffermedien unter hohem Druck / Martin Ring. - Opladen : Westdeutscher Verlag, 1986.

(Forschungsberichte des Landes Nordrhein-Westfalen ; Nr. 3204 : Fachgruppe Elektrotechnik, Optik)

ISBN 978-3-531-03204-7 ISBN 978-3-322-87728-4 (eBook)

DOI 10.1007/978-3-322-87728-4

NE: Nordrhein-Westfalen: Forschungsberichte des Landes ...

Herstellung: Westdeutscher Verlag

ISBN 978-3-531-03204-7

Inhalt

1 Nomenklatur

Symbol	Größe	Einheit
A	Fläche	m^2
B	magnetische Induktion	T
C	Strahlungszahl	$W/m^2\ K^4$
D	Durchmesser	m
E	Strombelag	W/m^2
F	Querschnittsfläche	m^2
I	Stromstärke	A
J	Kupferbelastung	$A\ V/m^3$
K	Absorptionskoeffizient	1/m
L	Länge	m
N	Nutzahl	
P	Leistung	W
Q	Wärmemenge	W
R	Widerstand	Ω
S	Stromdichte	A/m^2
T	Temperatur	K
U	Umfang	m
V	Volumen	m^3
W	Windungszahl	
Z	Strangzahl	

Symbol	Größe	Einheit
a	Länge des Statorblechpakets	m
b	Breite	m
c	spezifische Wärmekapazität	kcal/kg K m
d	Durchmesser	m
f	Funktion	
g	Erdbeschleunigung	m/s^2
h	Höhe	m
i,j,k	Einheitsvektoren	
k	Faktor	
l	Länge	m
m	Masse	kg
n	Drehzahl	1/min
o	Bogenlänge	m
p	Polpaarzahl	
q	spezifische Wärmemenge auch Nutzahl je Pol und Strang	W/m^3,-
r	Radius	m
s	Dicke	m
t	Zeit	s
u	Umfangsgeschwindigkeit	m/s
v	Geschwindigkeit	m/s
x,y,z	kartesische Raumkoordinaten	

Symbol	Größe	Einheit
Δ	Differenz	
Θ	Übertemperatur	°C
Σ	Summe	
α	Wärmeübergangszahl	W/K m^2
γ	thermischer Ausdehnungskoeffizient	1/K
ε	Emissionsverhältnis	
η	dynamische Zähigkeit	Pa s
ϑ	Temperatur	°C
λ	Wärmeleitfähigkeit	W/K m
υ	kinematische Zähigkeit	m^2/s
ρ	Dichte	kg/m^3
τ	Schubspannung auch Nutteilung und Zeitkonstante	N/m^2,m,s
φ	Winkel	°
$\varkappa$	temperaturabhängige Leitfähigkeit	m/Ω m^2
ψ	Brechungsindex	

Indices

Symbol	Bezeichnung
B	Blech
C	CARTER'scher Faktor
Cu	Kupfer
Fe	Eisen
K	Kurzschlußring,Wicklungskopf
L	Läufer
P	Papier
R	Rücken
S	Ständer
U	Umfang,Umgebung
V	Verlust
W	Wicklung
X,Y,Z	Koordinate
Z	Zahn
a	außen
e	Erwärmung
f	flüssig
ges	gesamt
i	innen
k	Körper
l	laminar
m	mittel
n	Nut
o	Ober-
p	polar
r	resultierend
rb	Reibung
sp	Spule
t	quer
u	Ummagnetisierung
w	Wand, Körper

Kennzahlen

Symbol	Bezeichnung
Nu	NUSSELT-Zahl
Pe	PECLET-Zahl
Pr	PRANDTL-Zahl
Re	REYNOLDS-Zahl

Konstanten

Symbol	Bezeichnung	Einheit
e	Integrationskonstante	
α_0	Temperaturkoeffizient	1/K
δ	STEFAN-BOLTZMANN Konstante	1/K

Sonderzeichen

Symbol	Bezeichnung
'	geometrische Zuordnung
"	geometrische Zuordnung
^	Maximalwert

Operatoren

Symbol	Bezeichnung
div	Divergenz
grad	Gradient
∇	Differentialoperator

2 Einleitung und Zielsetzungen

Elektrische Asynchronmotoren, insbesondere Kurzschlußläufermotoren, sind außerordentlich betriebssicher. Sie werden zur Lösung praktischer Antriebsprobleme immer eingesetzt, wenn dies unter Berücksichtigung der Eigenschaften der Motoren irgend möglich ist.
Die Bedeutung dieser im Aufbau einfachsten Motorenart ist zunehmend, da die traditionellen Einsatzgebiete infolge der fortschreitenden Halbleitertechnik mit den Möglichkeiten der Phasenanschnitt- und der Frequenzsteuerung erheblich ausgeweitet werden.

Im praktischen Einsatz treten an den robusten Kurzschlußläufermotoren Verschleißschäden nur an den Lagern und Schmierstoffdichtungen im Langzeitbetrieb auf. Betriebsstörungen können durch Verschmutzung und durch Überlastung verursacht werden. Länger andauernde Überlastungen können zu Isolationsschäden und Kurzschlüssen führen. Beim Betrieb von Elektromotoren in aggressiven Medien sowie unter Wasser werden diese üblicherweise abgedichtet, so daß im Innenraum etwa normale Bedingungen herrschen. Probleme treten hierbei an den Dichtungen der Wellendurchführungen auf. Bei sehr hohen Umgebungsdrücken sind die Dichtungsprobleme nur dadurch lösbar, daß der Innenraum des Motors mit einer Flüssigkeit zum Druckausgleich gefüllt wird. Hierzu werden Membrane zur Medientrennung mit der Umgebung eingesetzt. Von dieser Möglichkeit wird beispielsweise bei Tiefbrunnenpumpen Gebrauch gemacht. In der Fortentwicklung des Prinzips des Druckausgleichs dürfte es möglich sein, Elektromotoren unter extremen Umgebungsdrücken von bis zu hundert MPa zu betreiben. Die dabei auftretenden Dichtungsprobleme an den Wellendurchführungen lassen sich beispielsweise dadurch umgehen, daß der Motor mit einer Hydraulikpumpe zu einem Aggregat zusammengesetzt wird, das in einem Behälter mit Hydraulikflüssigkeit betrieben wird. Die mechanische Leistung wird dann von der Hydraulikpumpe über Leitungen dem Hydraulikmotor der Arbeitsmaschine zugeführt, wobei das Dichtproblem einer Wellendurchführung in das Umgebungsmedium entfällt.

Wissenschaftliche Untersuchungen und Veröffentlichungen über den Unterölbetrieb von Asynchronmotoren sind rar und - soweit vorhanden - wenig aufschlußreich. Dem Forschungsvorhaben liegt die Aufgabe zugrunde, die wichtigsten Einflußgrößen beim Unterölbetrieb experimentell zu erfassen, wobei von sogenannten Normmotoren, die für den Einsatz unter normalen Umgebungsbedingungen vorgesehen sind, ausgegangen wird.

Im Rahmen einer geplanten Weiterführung des Projektes ist beabsichtigt, die gewonnnen Erkenntnisse konstruktiv für bestimmte Anwendungen umzusetzen.

Die dem Forschungsprojekt zugrundegelegten Ziele konnten größtenteils erreicht werden. Die Untersuchungen an einer ölgekühlten DAS-Maschine gaben Aufschluß über die folgenden Problempunkte.

- Die Ölbeständigkeit der herkömmlichen Tauchlackierungen wurde für Hydrauliköl Typ Shell Tellus 22 im Rahmen der Versuchsdauer nachgewiesen. Schäden an der Isolation wurden nicht festgestellt.

- Vermutete Beschädigungen der Wälzlager waren während der Versuchsdauer nicht feststellbar. Eingehende Untersuchungen mit verlängerten Betriebszeiten und erhöhten Belastungen sind hierzu erforderlich.

- Die Wärmeabfuhr aus den elektrisch/magnetisch aktiven Teilen der Maschine liegt aufgrund der wesentlich verbesserten Wärmeübergänge weit über den gestellten Erwartungen. Bei gleicher Baugröße der Maschine ist im Unterölbetrieb gegenüber dem Normalbetrieb in Luft eine Steigerung der Dauerleistung von weit mehr als 100% zu verzeichnen, wobei die zulässige Übertemperatur der Wicklung der Maschine unterschritten wird.

- In der Maschine gibt es keine Gebiete, in denen schädliche Wärmestaus oder Überhitzungen auftreten. Die höchsten Temperaturen liegen erwartungsgemäß im Inneren der Wicklungen, wobei aber bei weitem keine kritischen Temperaturen - wie z. B. die Siedetemperatur des Öls - erreicht werden.

- Die Vermutung, daß die Maschine beim Betrieb unter Öl wesentlich leiser arbeitet als in Luft, wird bestätigt.

Über die gesetzten Ziele hinausgehend wurden anhand der Versuche weitere Erkenntnisse gewonnen, die für den Betrieb von Drehstrommotoren unter Öl wesentlich sind:

- Der Gesamtwirkungsgrad der Unterölmaschine liegt aufgrund der verbesserten Kühlbedingungen gegenüber der luftgekühlten Maschine im gesamten nutzbaren Drehmomentbereich deutlich höher.

- Die Möglichkeit des Betriebs unter einem Umgebungsdruck bis zu 60 MPa ist im Versuch nachgewiesen worden. Dabei wurde keine wesentliche Druckabhängigkeit der Betriebskenngrößen der Maschine ermittelt.

- Die Betriebsdrehzahl der Maschine liegt bei Unterölbetrieb im gesamten nutzbaren Drehmomentbereich deutlich über der Betriebsdrehzahl der luftgekühlten Maschine.

- Der Kippunkt der ölgekühlten Maschine verschiebt sich in Richtung höherer Momente.

3 Theoretische Grundlagen zu den durchgeführten Versuchen

In diesem Abschnitt wird das thermische Verhalten eines Asynchronmotors im Unterölbetrieb untersucht. Um den Einfluß von Flüssigkeiten als Kühlmittel auf das Betriebs- und das thermische Verhalten zu erfassen, ist es notwendig, die physikalischen Zustandsgrößen des Motors sowie des Kühlmediums theoretisch in Form von Gleichungen darzustellen. Zustandsgrößen, die das thermische Verhalten charakterisieren, sind theoretisch nur näherungsweise zu erfassen, da hierbei nicht alle tatsächlich auftretenden Nebeneinflüsse berücksichtigt werden. Im folgenden werden zunächst die theoretischen Grundlagen der Wärmeberechnung behandelt; im Anschluß folgt die Übertragung der Theorie auf die rotierende Maschine.

3.1 Theoretische Grundlagen zur Erwärmungsberechnung

3.1.1 Definition der Erwärmung

Wärme ist eine Energieform, die als Bewegungsenergie der Elementarteilchen in festen, flüssigen oder gasförmigen Medien auftritt. Wärme bzw. Wärmemenge ist dabei ein Quantitätsbegriff. Die Temperatur hingegen gibt die Konzentration der Wärme an. Sie ist eine Intensitätsgröße der Wärmelehre. Die Ausbreitung der Wärme in festen, flüssigen und gasförmigen Medien, deren Elementarteilchen ihre Lage zueinander nicht verändern, wird mit Wärmeübertragung bezeichnet. Während eines Ausgleichsvorgangs ändert sich an jedem Ort des Körpers die Temperatur als Funktion der Zeit. Solche Vorgänge sind instationär. Ändert sich das Temperaturfeld zeitlich nicht, so liegt ein stationärer Zustand vor. Im Falle der reinen Wärmeleitung dient das Medium als Energieleiter. Die Leitung eines Wärmestroms ist nur möglich, wenn ein Temperaturgefälle vorhanden ist.
Bei der allgemeinen Wärmeübertragung bilden Punkte gleicher Temperatur eine isotherme Fläche. Die Gesamtheit der Isothermen ergibt das Temperaturfeld. Die größte Temperaturdifferenz tritt

entlang der kürzesten Verbindung zwischen zwei benachbarten Isothermen auf, wobei die Verbindungslinie die beiden isothermen Flächen in Normalrichtung schneidet. Diese Verbindungslinie stellt die Wärmestromlinie dar.

3.1.2 Das Temperaturfeld

Die Temperaturverteilung in einem Körper ist eine Funktion der Zeit und des Ortes. Die Gleichung des Temperaturfelds hat die Form:

$$\vartheta = f(x,y,z,t) \qquad (1)$$

In dieser Gleichung sind:

ϑ die Temperatur
x,y,z Ortskennzahlen
t die Zeit

Dabei wird das Temperaturfeld als Skalarfeld dargestellt. Im folgenden wird das Temperaturfeld zu einem bestimmten Zeitpunkt t_1 betrachtet, das heißt, es wird als stationär angesehen. In den Gleichungen kann somit $\vartheta(t_1)=\vartheta_1$ gesetzt werden. Um von einem Temperaturzustand auf dem kürzesten Weg in einen anderen zu gelangen, wird die Temperaturdifferenz $\Delta\vartheta = \vartheta_1 - \vartheta_2$ durchschritten.Diese Differenz läßt sich bezogen auf den Abstand zwischen den betrachteten Ortspunkten durch den Temperaturgradienten

$$\operatorname{grad}\vartheta = i\frac{\partial\vartheta}{\partial x} + j\frac{\partial\vartheta}{\partial y} + k\frac{\partial\vartheta}{\partial z} \qquad (2)$$

mit den Einheitsvektoren i, j, k als Vektorgröße darstellen. Das Temperaturgefälle wird als $-\operatorname{grad}\vartheta$ definiert. Da sich die Wärme stets vom Ort der höheren Temperatur zum Ort der niedrigeren Temperatur ausbreitet, verläuft der Wärmestrom in

Richtung des negativen Temperaturgradienten. Der Wärmestrom je Flächeneinheit ist die Wärmestromdichte, die wie der Wärmestrom einen Vektor darstellt.

$$\frac{\dot{Q}}{A} = \dot{q} \qquad (3)$$

Zwischen der Wärmestromdichte und dem Temperaturgradienten besteht eine Proportionalität, da der Wärmestrom linear von der Temperaturdifferenz abhängt. Mit

$$\dot{q} \sim -\mathrm{grad}\,\vartheta \quad \text{und} \quad \dot{q} = f(x,y,z)$$

folgt

$$\dot{q} \sim -(i\dot{q}_x + j\dot{q}_y + k\dot{q}_z) \qquad (4)$$

Mit dem Proportionalitätsfaktor λ geht diese Gleichung über in:

$$\dot{q} = -\lambda\,\mathrm{grad}\,\vartheta \qquad (5)$$

Darin ist λ die Wärmeleitfähigkeit des Stoffes, aus dem der Körper besteht. Mit Gl. (5) geht Gl. (4) über in:

$$\dot{q} = -(i\lambda\frac{\partial\vartheta}{\partial x} + j\lambda\frac{\partial\vartheta}{\partial y} + k\lambda\frac{\partial\vartheta}{\partial z}) \qquad (6)$$

Bei instationärer Strömung ändert sich die Temperatur mit der Zeit, also ist $\partial\vartheta/\partial t \neq 0$. Dann hängen auch die vektoriellen Teilwärmeströme von der Zeit ab. Demzufolge wird für instationäre Betrachtungen das partielle Differential eingeführt:

$$\frac{\partial \vartheta}{\partial t} = \frac{\lambda}{\rho \cdot c}\left[\frac{\partial}{\partial x}\left(\frac{\partial \vartheta}{\partial x}\right) + \frac{\partial}{\partial y}\left(\frac{\partial \vartheta}{\partial y}\right) + \frac{\partial}{\partial z}\left(\frac{\partial \vartheta}{\partial z}\right)\right] \tag{7}$$

Das folgende Bild zeigt einen instationäreren Wärmeübertragungsvorgang in einem Volumenelement $dx \cdot dy \cdot dz$ in x-Richtung mit $\dot{Q}_y = \dot{Q}_z = 0$. An der Stelle x_1 tritt der Wärmestrom $\dot{Q}_x(t)$ in den Körper ein. Im Element wird das Temperaturgefälle durchschritten und an der Stelle x_2 tritt der Wärmestrom aus dem Element aus.

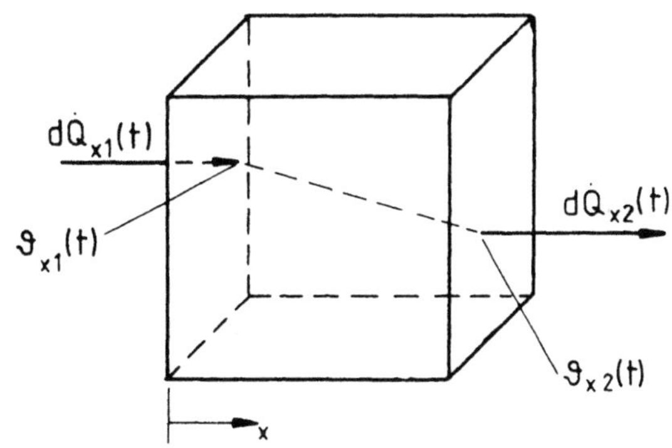

Instationärer Wärmeübertragungsvorgang in einem Volumenelement

Der bei instationärer Strömung auftretende Wärmestromverlust pro Längeneinheit dx beträgt dabei:

$$\left[\frac{\partial (d\dot{Q})}{\partial x}\right] dx \tag{8}$$

Da sich bei instationären Wärmeleitvorgängen auch die mittlere Temperatur des betrachteten Volumenelements ändert, steigt oder fällt auch der im Element gespeicherte Wärmeinhalt H um:

$$dH = m \cdot c \cdot d\vartheta \tag{9}$$

Darin sind m die Masse des Volumenelements mit $m = \rho \cdot dx \cdot dy \cdot dz$ und c die spezifische Wärmekapazität des Stoffes, aus dem der Körper besteht. Damit läßt sich für den dargestellten Fall die Wärmebilanz aufstellen.

$$\frac{\partial(d\dot{Q})}{\partial x} \cdot dx = \rho \cdot c \cdot dx \cdot dy \cdot dz \cdot \frac{\partial\vartheta}{\partial t} \tag{10}$$

mit $$d\dot{Q}_{x_1} - d\dot{Q}_{x_2} + m \cdot c \cdot \frac{\partial\vartheta}{\partial t} = \frac{dQ}{dt} + \frac{dH}{dt} = 0$$

Um die zeitliche Temperaturerhöhung $d\vartheta/dt$ an einer bestimmten Stelle berechnen zu können, geht man von der Wärmestrombilanz aus, nach der die nach Gl. (9) vom Volumenelement $dx \cdot dy \cdot dz$ aufgenommene Leistung gleich der Verlustwärmeleistung sein muß. Der Wärmeleistungsverlust je Zeit- und Raumeinheit ergibt sich formal, indem man das skalare Produkt aus Gl. (7) und dem Differentialoperator bildet. Das skalare Produkt ergibt einen Skalarwert für die Verlustwärmeleistung.

$$\nabla \dot{q} = -\left(\lambda \frac{\partial^2\vartheta}{\partial x^2} + \lambda \frac{\partial^2\vartheta}{\partial y^2} + \lambda \frac{\partial^2\vartheta}{\partial z^2}\right) \tag{11}$$

Das Skalarprodukt wird als Divergenz bezeichnet.

$$\nabla \dot{q} = \operatorname{div} \dot{q} \tag{12}$$

Aufgrund der Wärmebilanz entspricht die zeitliche Änderung des Wärmeinhalts der Divergenz.

$$\rho \cdot c \cdot dx \cdot dy \cdot dz \frac{\partial \vartheta}{\partial t} = -(\lambda \frac{\partial^2 \vartheta}{\partial x^2} + \lambda \frac{\partial^2 \vartheta}{\partial y^2} + \lambda \frac{\partial^2 \vartheta}{\partial z^2}) \quad (13)$$

Durch die Auflösung nach $\partial\vartheta/\partial t$ und unter Berücksichtigung innerer Wärmequellen erhält man die FOURIER'sche Differentialgleichung in kartesischen Koordinaten.

$$\frac{\partial \vartheta}{\partial t} = \frac{1}{\rho \cdot c} \left[\frac{d\dot{Q}}{dx \cdot dy \cdot dz} + \lambda \frac{\partial^2 \vartheta}{\partial x^2} + \lambda \frac{\partial^2 \vartheta}{\partial y^2} + \lambda \frac{\partial^2 \vartheta}{\partial z^2} \right] \quad (14)$$

Diese grundlegende Gleichung kann durch drei Randbedingungen vereinfacht werden:

- Feld stationär ($\partial\vartheta/\partial t=0$)
- Feld wärmequellenfrei ($\mathrm{div}\,\dot{q}=0$)
- Feld eindimensional ($\partial\vartheta/\partial y=\partial\vartheta/\partial z=0$)

Die FOURIER'sche Gleichung geht im stationären Fall in die POISSON'sche Gleichung über.

$$0 = \frac{1}{\rho \cdot c} \left[\frac{d\dot{Q}}{dx \cdot dy \cdot dz} + \lambda \cdot \frac{\partial^2 \vartheta}{\partial x^2} + \lambda \cdot \frac{\partial^2 \vartheta}{\partial y^2} + \lambda \cdot \frac{\partial^2 \vartheta}{\partial z^2} \right] \quad (15)$$

Im quellenfreien, stationären Feld geht die FOURIER'sche Gleichung in die LAPLACE'sche Gleichung über.

$$0 = \lambda \cdot \frac{\partial^2 \vartheta}{\partial x^2} + \lambda \cdot \frac{\partial^2 \vartheta}{\partial y^2} + \lambda \cdot \frac{\partial^2 \vartheta}{\partial z^2} \quad (16)$$

Zur exakten Beschreibung eines Wärmeleitvorganges in einem Körper sind neben der Differentialgleichung auch Rand- und Anfangsbedingungen erforderlich. Man unterscheidet drei Arten von Randbedingungen, die sich zeitlich verändern:

- Randwertaufgabe, bei der die Temperatur auf den Rändern eine vorgegebene Funktion der Zeit ist.

- Randwertaufgabe, bei der der Wärmestrom eine vorgegebene Funktion der Zeit ist.

- Randwertaufgaben, bei denen der Wärmestrom durch eine Körperoberfläche proportional der Temperaturdifferenz zwischen der Körperoberfläche und dem umgebenden Medium ist.

Für bestimmte Problemstellungen liegen geschlossene Lösungen der FOURIER'schen Gleichungen vor. Im allgemeinen wird der Differentialquotient durch den Differenzenquotient ersetzt. Probleme beliebiger Form können mit Hilfe des Computers iterativ gelöst werden.

3.1.3 Wärmeleitung

Die Proportionalitätskonstante λ ist eine empirische Konstante. Die wichtigsten Einflußfaktoren, die bei der Ermittlung von λ zu berücksichtigen sind, sind die Temperatur und der Grundwerkstoff. Die in einem Asynchronmotor eingesetzten Stoffe lassen sich in drei Gruppen einteilen:

1. Metalle
2. Elektrische Nichtleiter (Isoliermaterialien)
3. Flüssigkeiten und Gase (Kühlmittel)

3.2 Wärmeübertragung

Bei der Wärmeübertragung treten Wärmeleit- und Wärmeübergangswiderstände an den Grenzflächen auf, die gemeinsam den Wärmedurchgang beeinflussen.

3.2.1 Wärmedurchgang

Bei der Betrachtung des stationären Wärmedurchgangs an Körpern einfacher Geometrie wird zwischen solchen Körpern mit und solchen ohne innere Wärmequellen unterschieden.

3.2.1.1 Ebener Körper ohne innere Wärmequelle

Betrachtet wird eine Platte der Dicke s. Der Wärmestrom fließt senkrecht durch die Platte. Für diesen Fall gilt:

$$\dot{q}_{(x)} = \dot{q} = const. \qquad (17)$$

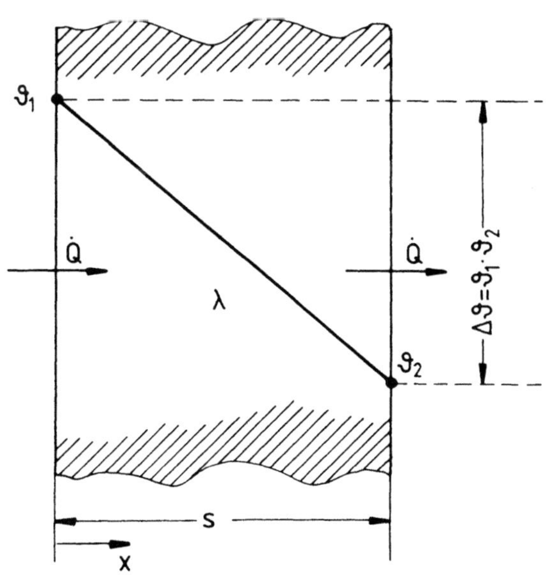

Wärmestrom durch eine ebene Platte ohne innere Wärmequelle

Aus Gleichung (5) ergibt sich für diesen Fall

$$-\frac{\dot{q}}{\lambda} = \frac{d\vartheta}{dx} = \text{const.} \tag{18}$$

Die Funktion $\vartheta(x)$ hat bei homogenen ebenen Platten im stationären Fall die Form einer Geraden, wenn die Wärmeleitfähigkeit nicht von der Temperatur abhängt. Der eindimensionale Temperaturgradient läßt sich in diesem Fall durch das Verhältnis des Wandtemperaturunterschieds zur Wanddicke ausdrücken:

$$\frac{d\vartheta}{dx} = \frac{\Delta\vartheta}{s} \tag{19}$$

Demnach hängt der Temperaturabfall in der Wand von der Wärmestromdichte ab.

$$\Delta\vartheta_{12} = \dot{q}\cdot\frac{s}{\lambda} = \frac{\dot{Q}}{A}\cdot\frac{s}{\lambda} \tag{20}$$

Der Ausdruck s/λ wird im folgenden als Wärmeleitwiderstand R_λ bezeichnet. Damit erhält man den Temperaturabfall mit

$$\Delta\vartheta_{12} = \dot{Q}\cdot R_\lambda \tag{21}$$

3.2.1.2 Ebene Wand aus Schichten verschiedener Dicke und unterschiedlicher Wärmeleitfähigkeit ohne Wärmequellen

Der Wärmestrom $\dot{Q}_1$ tritt an der Stelle x_1 in den Körper ein und durchdringt Schichten unterschiedlicher Dicke und Wärmeleitfähigkeit, die eine Kette von Wärmewiderständen bilden. An der Stelle x_4 tritt der reduzierte Wärmestrom $\dot{Q}_4$ aus.

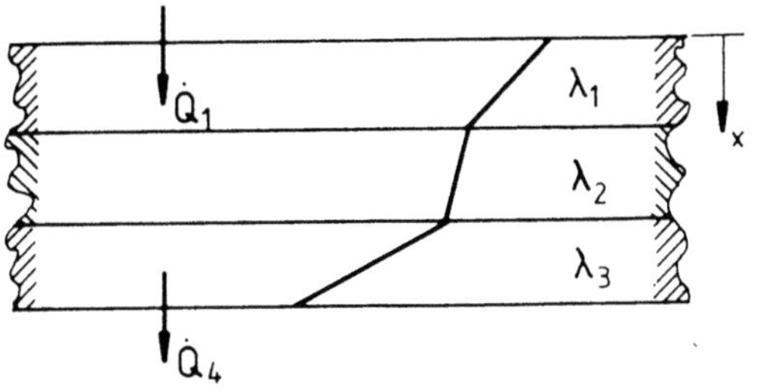

Temperaturabfall in einer geschichteten Wand

Für den Gesamttemperaturabfall gilt:

$$\Delta\vartheta_{ges} = \sum_{i=1}^{3} \Delta\vartheta_i \tag{22}$$

Mit $\dot{Q}_{12} = \dot{Q}_{23} = \dot{Q}_{34} = \dot{Q}, \Delta\vartheta_{12} = \dot{Q}_{12} \cdot R_{\lambda 12}, \Delta\vartheta_{23} = \dot{Q}_{23} \cdot R_{\lambda 23}$

und $$\Delta\vartheta_{34} = \dot{Q}_{34} \cdot R_{\lambda 34}$$

folgt $$\Delta\vartheta_{12} + \Delta\vartheta_{23} + \Delta\vartheta_{34} = \Delta\vartheta_{14} = \dot{Q} \cdot \sum_{1}^{3} R_\lambda = \dot{Q} \cdot \sum_{i=1}^{3} \frac{s_i}{A \cdot \lambda_i} = \dot{q} \cdot \sum_{i=1}^{3} \frac{s_i}{\lambda_i} \tag{23}$$

3.2.1.3 Ebener Körper mit innnerer Wärmequelle

Das folgende Bild zeigt die Anordnung für einen Körper in dem je Zeit- und Volumeneinheit eine Wärmemenge mit gleichmäßiger Erzeugungsdichte induziert wird. An beiden Begrenzungsflächen herrschen gleiche Kühlverhältnisse. Bei der Berechnung wird an den Stellen $x = 0$ und $x = s$ eine Temperatur von $\vartheta_0 = 0^\circ C$

angenommen. Die Verluste je Volumeneinheit betragen:

$$v = \frac{\dot{q}}{x} \qquad (24)$$

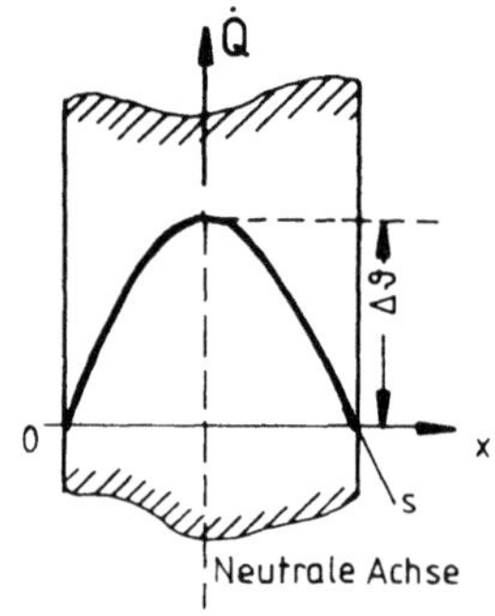

Temperaturfeld und Wärmeflußdichte in einer Platte mit innerer Wärmequelle

Die POISSON'sche Differentialgleichung für die Wärmeleitung mit einer räumlich gleichmäßig verteilten inneren Wärmeerzeugung geht im eindimensionalen, stationären Fall über in:

$$\lambda \cdot \frac{d^2\vartheta}{dx^2} + v = 0 \qquad (25)$$

Darin beschreibt $q = dQ/dx \cdot dy \cdot dz$ die innere Wärmequelle mit räumlich, gleichmäßig verteilter Wärmeerzeugung. Durch Integration über x ergibt sich:

$$\lambda \cdot \frac{d\vartheta}{dx} + v \cdot x + e_1 = 0 \qquad (26)$$

Mit den Randbedingungen

$$x = 0 \qquad \frac{d\vartheta}{dx} = \frac{v}{\lambda} \cdot \frac{s}{2}$$

$$x = s \qquad \frac{d\vartheta}{dx} = -\frac{v}{\lambda} \cdot \frac{s}{2}$$

wird $$e_1 = -v \cdot \frac{s}{2}$$

Nach einer weiteren Integration läßt sich die Temperaturverteilung über der Wanddicke angeben:

$$\lambda \cdot v + \quad \lambda \cdot \vartheta + v \cdot \frac{x^2}{2} - v \cdot \frac{s}{2} \cdot x + e_2 = 0 \tag{27}$$

Es handelt sich dabei um eine Parabelfunktion 2. Ordnung. Mit den Randbedingungen $\vartheta = \vartheta_1$ bei $x = 0$ und $\vartheta = \vartheta_2$ bei $x = s$ folgt:

$$e_2 = v \cdot \frac{s}{2} - \frac{v}{2} \left(\frac{s}{2}\right)^2 \tag{28}$$

Tritt zusätzlich bei $x = 0$ ein Wärmestrom in die Wand ein, was einer Verringerung der Kühlung an einer Fläche entspricht, so gilt für die Wärmestromdichte an einer beliebigen Stelle innerhalb der Wand:

$$\vartheta_{(x)} = \frac{v}{2\lambda} \left(x_s - x^2\right) \tag{29}$$

mit $$\frac{d\vartheta}{dx} = -\lambda \cdot \dot{q} \qquad \text{und} \qquad \vartheta_{(x=0)} = \vartheta_1 = \vartheta_{(x=s)} = \vartheta_2$$

wird aus Gl.(26)

$$q = \lambda \cdot \left[\frac{\vartheta_1 - \vartheta_2}{s} + \frac{v}{\lambda}\left(\frac{s}{2} - x\right)\right] \quad (30)$$

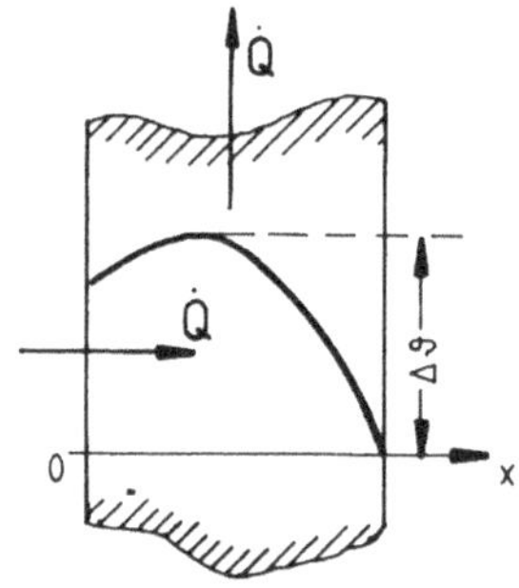

Temperaturfeld und Wärmeflußdichte in einer Platte mit innerer Wärmequelle und Wärmedurchgang

3.2.1.4 Einschichtiger zylindrischer Körper ohne innere Wärmequelle

Das folgende Bild zeigt den stationären Wärmedurchgang in einem Hohlzylinder.

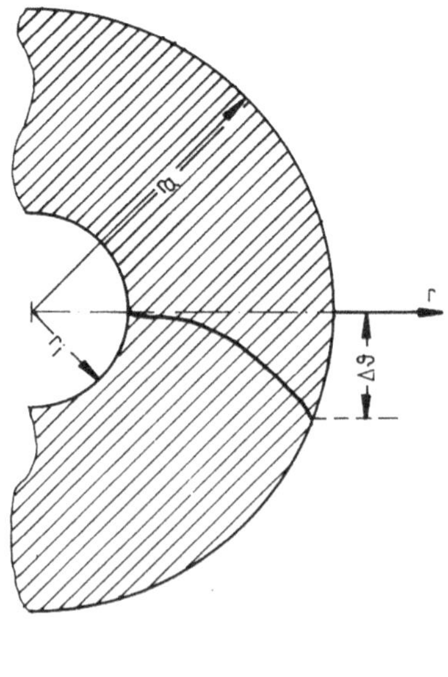

Für die dargestellte Anordnung ergibt sich die über dem Radius veränderliche Wärmestromdichte $\dot{q}(r)$ zu:

$$\dot{q}(r) = \frac{\dot{Q}}{2 \cdot \pi \cdot r} \qquad r_i \leqq r \leqq r_a \qquad (31)$$

Durch Gleichsetzen dieser Wäremstromdichteverteilung mit dem Wärmeleitgesetz folgt:

$$\dot{q}(r) = -\lambda \cdot \frac{d\vartheta}{dr} \qquad (32)$$

und

$$\frac{dr}{r} = -\frac{\lambda \cdot 2 \cdot \pi}{\dot{Q}} \cdot d\vartheta \qquad (33)$$

Diese Funktion ist nach der Trennung der Variablen leicht integrierbar:

$$\ln r = -\frac{\lambda \cdot 2 \cdot \pi}{\dot{Q}} \vartheta + e \qquad (34)$$

Mit der Annahme $\vartheta(r_\alpha) = \vartheta_a = 0$ ergibt sich für

$$e = -\frac{\dot{Q}}{2 \cdot \pi \cdot \lambda \cdot \ln R \cdot l} \qquad (35)$$

Die allgemeine Gleichung für das Temperaturfeld lautet damit:

$$\vartheta(r) = \frac{\dot{Q}}{2 \cdot \pi \cdot \lambda \cdot l} \cdot \ln \frac{r_a}{r} \qquad (36)$$

Der bei diesem Wärmeübertragungsvorgang auftretende Wärmestrom beträgt:

$$\dot{Q} = \frac{2 \cdot \pi \cdot \lambda \cdot l}{\ln(R/r)} \cdot (\vartheta_1 - \vartheta_2) \qquad (37)$$

3.2.1.5 Mehrschichtige zylindrische Körper ohne innere Wärmequelle

Durch die Reihenschaltung der einzelnen Wärmeleitwiderstände zylindrischer Schalen ergibt sich der Zusammenhang zwischen dem Wärmestrom und dem insgesamt auftretenden Temperaturabfall zu:

$$\vartheta(r) = \frac{\dot{Q}}{2 \cdot \pi \cdot l} \left[\frac{\ln(r_2/r_1)}{\lambda_1} + \ln(r_3/r_2) + \ldots \right] \qquad (38)$$

Aus dem folgenden Bild wird das Temperaturprofil ersichtlich.

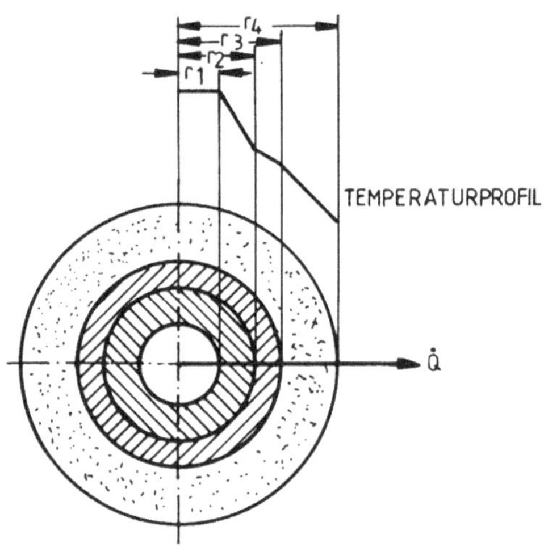

Temperaturprofil in einem zylindrischen Körper

3.2.1.6 Zylindrische Körper mit innerer Wärmequelle

Im gesamten zylindrischen Körper wird wieder von einer mit gleichmäßiger Erzeugungsdichte induzierten Wärme ausgegangen. Aus der POISSON'schen Differentialgleichung ergibt sich für den zweidimensionalen stationären Fall:

$$\frac{d^2\vartheta}{dx^2} + \frac{d^2\vartheta}{dy^2} + \frac{q}{\lambda} = 0 \qquad (39)$$

oder in Polarkoordinaten

$$\frac{d^2\vartheta}{dr^2} + \frac{1}{r^2}\frac{d^2\vartheta}{d\varphi^2} + \frac{1}{r}\frac{d\vartheta}{dr} + \frac{q}{\lambda} = 0 \qquad (40)$$

Unter den zugrundegelegten Voraussetzungen ergibt sich ein eindimensionaler Wärmestrom. Es fließt nur Wärme in radialer Richtung $q = f(r)$. Dies bedeutet, daß in diesem System der tangentiale Wärmestrom

$$\dot{q} \mathrel{\hat{=}} \frac{d\vartheta}{d\varphi} = 0$$

ist.

Damit lautet die Differentialgleichung der Wärmeleitung:

$$\frac{d^2\vartheta}{dr^2} + \frac{1}{r}\frac{d\vartheta}{dr} = -\frac{q}{\lambda} \qquad (41)$$

Die Integration über den Radius ergibt:

$$\frac{d\vartheta}{dr} = -\frac{q \cdot r}{2 \cdot \lambda} + \frac{e_1}{r} \qquad (42)$$

Die zweite Integration über den Radius führt auf die Temperaturverteilung über die r-Koordinate.

$$\vartheta = -\frac{q \cdot r^2}{4 \cdot \lambda} + e_1 \cdot \ln r + e_2 \qquad (43)$$

Die beiden Integrationskonstanten e_1 und e_2 können mit folgenden Randbedingungen bestimmt werden.
Für $r = r_1$ gilt $\vartheta = \vartheta_1$ und für $r = r_2$ ist $\vartheta = \vartheta_2$.

$$e_1 = \frac{(\vartheta_2 - \vartheta_1) + [q/(4\lambda)](r_2^2 - r_1^2)}{\ln(r_2/r_1)} \tag{44}$$

$$e_2 = \vartheta_1 + \frac{q \cdot r_1^2}{4 \cdot \lambda} - \ln(r_1) \cdot e_1 \tag{45}$$

Mit diesen Integrationskonstanten geht der Wärmestrom durch eine isotrope Schale über in:

$$\dot{Q}(r) = \frac{2 \cdot \lambda \cdot \pi \cdot l \cdot (\vartheta_1 - \vartheta_2)}{\ln(r_2/r_1)} + \pi \cdot l \cdot q \left[r^2 - \frac{r_2^2 - r_1^2}{2 \ln(r_2/r_1)} \right] \tag{46}$$

3.2.2 Wärmeübergang

Der Wärmeübergang kann grundsätzlich auf zwei Arten geschehen, nämlich durch Konvektion im Fluid oder durch Strahlung. Beide Vorgänge können in Kombination auftreten. Wenn kein Fluid zwischen den Austauschflächen existiert, kann auch die Wärmeübertragung durch Strahlung allein auftreten.

Wärmeübergang durch Strahlung

Der Wärmeaustausch durch Strahlung läßt sich durch das STEFAN-BOLTZMANN Gesetz mathematisch erfassen:

$$\dot{Q}_s = C_r \cdot (T_K^4 - T_U^4)$$

In dieser Gleichung stellt C_r den resultierenden Strahlungsfaktor dar. Dieser Faktor ergibt sich für einen von einer

Umgebung vollständig umhüllten Körper aus der folgenden Beziehung:

$$\frac{1}{C_r} = \frac{1}{C_1} + \frac{A_1}{A_2}\left(\frac{1}{C_2} - \frac{1}{C_s}\right)$$

Hierin ist C_1 die Strahlungszahl der heißen Körpers
A_1 die Oberfläche des heißen Körpers
A_2 die angestrahlten Flächen
C_2 die Strahlungszahl der angestrahlten Flächen
C_s die Strahlungszahl des schwarzen Körpers

Die allgemeinen Strahlungszahlen lassen sich aus der Beziehung

$$C_1 = \varepsilon \cdot C_s$$

mit dem Emissionsverhältnis ε bestimmen.

Wärmeübergang durch Konvektion

Zunächst soll der Wärmeübergang von festen Körpern an strömende Fluide rechnerisch erfaßt werden. Bei diesem Problem steht die Wärmeübertragung durch Konvektion im Vordergrund. Man unterscheidet dabei - nach der Bewegung des Fluids - zwischen natürlicher und erzwungener Konvektion. Der Mechanismus der natürlichen Konvektion beruht darauf, daß sich Moleküle durch Wärmeaufnahme ausdehnen, wobei ihre Masse konstant bleibt und die Dichte des Fluids geringer wird. Infolge des Auftriebs steigen die wärmeren Teilchen nach oben. Senkrecht zur wärmeabgebenden Wand bildet sich im Kühlmedium ein Temperaturfeld aus. Der Wärmeaustausch zwischen Fluid und Wand findet in der Grenzschicht statt.

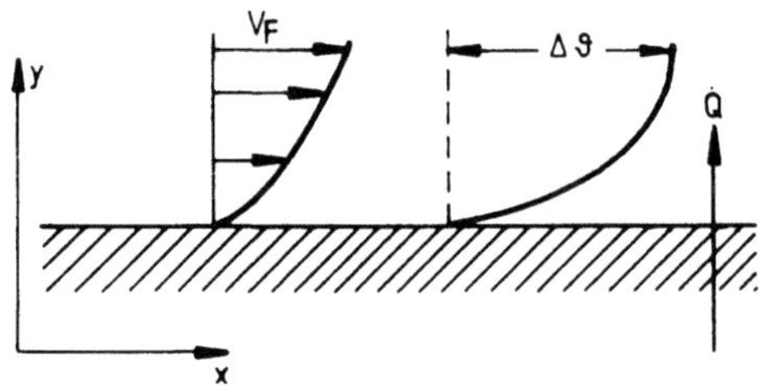

Wärmeübergang durch Konvektion von einer Wand in ein Fluid.

Die Strömungsverhältnisse in der Grenzschicht werden von den NAVIER-STOKES Gleichungen beschrieben.

3.2.2.1 Berechnung des Wärmeübergangs

Zur Berechnung des Wärmeübergangs von einem Festkörper an ein Fluid wird das NEWTON'sche Übergangsgesetz herangezogen.

$$\dot{q} = \alpha \cdot \Delta\vartheta \tag{47}$$

Die Gleichung besagt, daß die Wärmeflußdichte proportional zur Temperaturdifferenz ist. Der Proportionalitätsfaktor ist die Wärmeübergangszahl. Sie ist entsprechend für die Konvektion und die Strahlung getrennt zu berechnen. Bei reiner Konvektion ist α von der Temperatur und den geometrischen Abmessungen der betrachteten Anordnung abhängig. Durch die durch Strahlung übertragene Wärmemenge läßt sich die Wärmeübergangszahl für Strahlung definieren.
Die WÜZ α_S ist im wesentlichen von der Oberflächenbeschaffenheit des strahlenden Körpers, von seiner Obertemperatur, vom herrschenden Temperaturniveau und den Strahlungsverhältnissen abhängig. In /8/ wird in der sich an die theoretischen Betrachtungen anschließenden Rechnung für den Fall der Luftkühlung mit

einer resultierenden WÜZ $\alpha = \alpha_k + \alpha_s$ gerechnt. Bei der Berechnung mit einem flüssigen Medium tritt im zu betrachtenden Fall der Wärmeübergang im Ringspalt in den Vordergrund. Für diesen speziellen Fall geht das STEFAN-BOLTZMANN Gesetz über in:

$$\dot{q}_s = \sigma \cdot \psi^2 \cdot \frac{1}{K} \cdot T^3 \cdot \frac{\partial T}{\partial x}$$

Darin sind: σ = STEFAN-BOLTZMANN-Konstante
ψ = Brechungsindex
K = Absorptionskoeffizient

Für die im weiteren bei der Flüssigkeitskühlung vorliegenden Dimensionen reduziert sich der Einfluß des Wärmeübergangs durch Strahlung.

3.2.2.2 Wärmeübertragung in der Grenzschicht

Bei einem Festkörper, der von einem flüssigen Kühlmedium umströmt wird, erfolgt ein Wärmetransport von der Körperoberfläche durch die Strömungsgrenzschicht hindurch zum Fluid. Innerhalb des Fluids fällt die Temperatur mit größer werdendem Abstand vom Festkörper ab. Diese Schicht von begrenzter Dicke, in der sich ein Temperaturgradient ausbildet, wird als Temperaturgrenzschicht bezeichnet. In ihr vollzieht sich der gesamte Wärmeübergang.

Gleichung der Temperaturgrenzschicht

Das Temperaturfeld der Temperaturgrenzschicht für den Fall der Kühlung und Erwärmung ist in den nachstehenden Bildern dargestellt.

Wärmeabgabe durch die Wand an das Medium

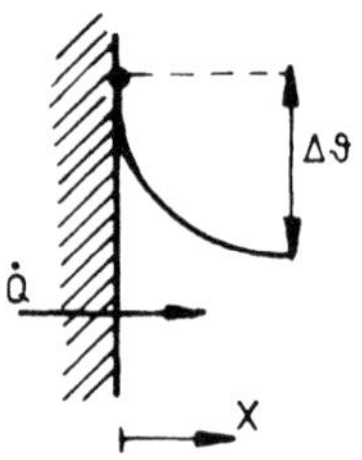

Wärmeabgabe durch das Medium an die Wand

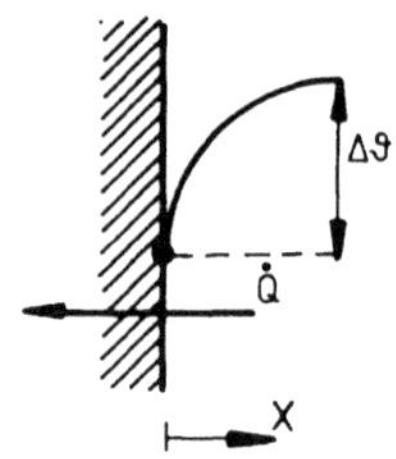

Temperaturfeld in der Grenzschicht

Das flüssige Kühlmedium bewegt sich relativ zu der an der Körperoberfläche haftenden Grenzschicht. Für den Wärmeübergang gilt in allgemeiner Form im stationären Zustand:

$$d\dot{Q} = -\lambda \left(dy \cdot dz \frac{\partial \vartheta}{\partial x} + dx \cdot dz \frac{\partial \vartheta}{\partial y} + dx \cdot dy \frac{\partial \vartheta}{\partial z} \right) \qquad (48)$$

Der Wärmestrom pro Längeneinheit dx in senkrechter Richtung zur Wand beträgt:

$$d(d\dot{Q})_x + d(d\dot{Q})_y + d(d\dot{Q})_z = \qquad (49)$$

$$\frac{(dQ)}{\partial x} dx + \frac{(dQ)}{\partial y} dy + \frac{(dQ)}{\partial z} dz = -\lambda \cdot dx \cdot dy \cdot dz \left[\frac{\partial^2 \vartheta}{\partial x^2} + \frac{\partial^2 \vartheta}{\partial y^2} + \frac{\partial^2 \vartheta}{\partial z^2} \right]$$

Die dem Volumenelement $dx \cdot dy \cdot dz$ zugeführte Wärmemenge wird von diesem gespeichert.

$$d(dQ) = c \cdot \rho \cdot dx \cdot dy \cdot dz \cdot d\vartheta$$

Berücksichtigt man das instationäre Verhalten bei der Temperaturzunahme erhält man den Wärmestrom.

$$d(d\dot{Q}) = c \cdot \rho \cdot dx \cdot dy \cdot dz \cdot \left(\frac{\partial \vartheta}{\partial x} \cdot \frac{\partial x}{\partial t} + \frac{\partial \vartheta}{\partial y} \cdot \frac{\partial y}{\partial t} + \frac{\partial \vartheta}{\partial z} \cdot \frac{\partial z}{\partial t} \right) \quad (50)$$

Da der dem Körper entzogene Wärmestrom gleich dem im Volumenelement gespeicherten ist, gilt:

$$\rho \cdot c \cdot \left(\frac{\partial \vartheta}{\partial x} \cdot \frac{\partial x}{\partial t} + \frac{\partial \vartheta}{\partial y} \cdot \frac{\partial y}{\partial t} + \frac{\partial \vartheta}{\partial z} \cdot \frac{\partial z}{\partial t} \right) = \lambda \cdot \left(\frac{\partial^2 \vartheta}{\partial x^2} + \frac{\partial^2 \vartheta}{\partial y^2} + \frac{\partial^2 \vartheta}{\partial z^2} \right) \quad (51)$$

Durch diese Gleichung wird die Temperaturgrenzschicht vollständig beschrieben. Zur Lösung der Gleichung muß diese integriert und die Integrationskonstanten mit Hilfe von Randbedingungen berechnet werden. In vielen Fällen treten jedoch Probleme bei der Ableitung und Definiton der Randbedingungen auf. Speziell für die im vorstehenden Bild dargestellte Wärmeabgabe durch die Wand an das Fluid lassen sich eine Reihe von Randbedingungen formulieren. Zunächst wird davon ausgegangen, daß sich über der Strömungsgrenzschicht parallel zur Wand eine stationäre Strömung ausbildet. Die Wärme breitet sich im Fluid senkrecht zur Strömungsrichtung in y-Richtung aus. Mit diesen Annahmen geht Gl. (48) über in:

$$d\dot{Q} = - \lambda \cdot dx \cdot dz \cdot \frac{\partial \vartheta}{\partial y} \quad (52)$$

und Gl. (49) in:

$$d(d\dot{Q})_y = \frac{\partial (d\dot{Q})}{\partial y} \cdot dy \quad (53)$$

Damit ergibt sich:

$$d(d\dot{Q})_y = - \lambda \cdot dx \cdot dy \cdot dz \cdot \frac{\partial^2 \vartheta}{\partial y^2} \quad (54)$$

Der im Fluid in x-Richtung abgeführte Wärmestrom läßt sich aus Gl. (50) berechnen.

$$d\dot{Q}_x = c \cdot \rho \cdot dx \cdot dy \cdot dz \cdot \frac{\partial \vartheta}{\partial x} \frac{dx}{dt} \tag{55}$$

Dieser Wärmestrom entspricht dem von der Wand in y-Richtung abgegebenen Wärmestrom.

$$-d\dot{Q}_x = d\dot{Q}_y \tag{56}$$

bzw.

$$c \cdot \rho \cdot dx \cdot dy \cdot dz \cdot \frac{\partial \vartheta}{\partial x} \frac{dx}{dt} = \lambda \cdot dx \cdot dy \cdot dz \cdot \frac{\partial^2 \vartheta}{\partial y^2} \tag{57}$$

Nach Division durch $dx \cdot dy \cdot dz$ und Substitution von $dx/dt = v$ erhält man:

$$c \cdot \rho \cdot v \cdot \frac{\partial \vartheta}{\partial x} = \lambda \cdot \frac{\partial^2 \vartheta}{\partial y^2} \tag{58}$$

In dieser Gleichung wird deutlich, daß die Kühlung durch eine Erhöhung der Geschwindigkeit und der Stoffwerte des Kühlmediums verbessert werden kann.

Um den Wärmeübergang bei erzwungener Strömung eines flüssigen Kühlmediums beschreiben zu können, ist zusätzlich zu den bisher angestellten Betrachtungen die mathematische Beschreibung der Strömung im Fluid, insbesondere der Strömungsgrenzschicht, nötig. Bei der Kühlung von rotierenden Maschinen steht die erzwungene Strömung im Vordergrund. Die folgende Herleitung stützt sich besonders auf die Veröffentlichung von STELZER /2/. In der im Bild dargestellten Strömung längs einer ebenen Wand wird ein begrenztes Volumenelement $dx \cdot dy \cdot dz$ betrachtet. Die allgemeine Kräftegleichung $F = m \cdot a$ wird für dieses Element zu:

$$dF = \rho \cdot dx \cdot dy \cdot dz \cdot \frac{dv}{dt} \tag{59}$$

Von Außen wirken auf das Volumenelement Druck-, Reibungs- und Auftriebskräfte. Zur Vereinfachung wird hier davon ausgegangen, daß alle Kräfte in x-Richtung wirken. Die auf das Volumenelement wirkenden resultierenden Druck-, Reibungs- und Auftriebskräfte betragen dann:

$$dF_P = -\left(p + \frac{dp}{dx}\right) \cdot dy \cdot dz \tag{60}$$

$$dF_R = \frac{d\tau}{dy} \cdot dy \cdot dx \cdot dz = \eta \cdot \frac{d^2 v}{dy^2} dy \cdot dx \cdot dz \tag{61}$$

$$dF_A = g \cdot \gamma \cdot \rho \cdot \Delta\vartheta \cdot dx \cdot dy \cdot dz \tag{62}$$

Setzt man das Kräftegleichgewicht an, daß heißt Gl. (59) gleich mit Gl. (60), Gl. (61) und Gl. (62) und berücksichtigt, daß bei der Kühlung einer elektrischen Maschine durch erzwungene Konvektion die Strömung annähernd stationär ist, erhält man die NAVIER-STOKES Gleichung.

$$v \frac{dv}{dx} = \frac{1}{\rho} \frac{dp}{dx} + \frac{d^2 v}{dy^2} + g \cdot \gamma \cdot \Delta\vartheta \tag{63}$$

Praktische Lösungen für die Kombination der Wärme- und Strömungsgrenzschicht ergeben sich mit Hilfe von Ähnlichkeitsmodellgesetzen, die in Form von Kennzahlen angewendet werden. Empirisch gefundene Lösungen für Wärmeübergangsprobleme lassen sich über die Modellähnlichkeiten verallgemeinern.

Eine Voraussetzung, um empirisch gefundene Gesetzmäßigkeiten von einem System auf ein anderes übertragen zu können, ist die geometrische und als Erweiterung die physikalische Ähnlichkeit der Systeme. In einem System müssen dabei eine oder mehrere physikalische Größen, wie z. B. Strömungsgeschwindigkeit, Temperatur und Zähigkeit an allen zueinander geometrisch ähnlichen Punkten im gleichen konstanten Verhältnis zueinander stehen. Bei einem

Wärmeübergangsprozeß zwischen einem flüssigen Kühlmedium und einer ebenen Wand bezieht sich die geometrische Ähnlichkeit nur auf die Länge der Wand in Strömungsrichtung. Der geometrische Maßstab läßt sich durch das Verhältnis zwischen der Länge des Ausgangssystems (Index A), an dem die Gesetzmäßigkeit nachgewiesen wurde, und der entsprechenden Länge des eigenen Systems (Index B) ausdrücken.

$$\frac{L_A}{L_B} = f_L \qquad (64)$$

Für die Beschreibung des Wärmeübergangs werden analog definiert:

$P_A / P_B = f_p$	Druckmaßstab	(65)
$V_A / V_B = f_v$	Geschwindigkeitsmaßstab	(66)
$\rho_A / \rho_B = f_\rho$	Dichtemaßstab	(67)
$\nu_A / \nu_B = f_\nu$	Zähigkeitsmaßstab	(68)
$\lambda_A / \lambda_B = f_\lambda$	Wärmeleitfähigkeitsmaßstab	(69)
$\vartheta_A / \vartheta_B = f_\vartheta$	Temperaturmaßstab	(70)
$g_A / g_B = f_g$	Auftriebskraftmaßstab	(71)
$C_A / C_B = f_c$	Wärmekapazitätsmaßstab	(72)

Diese Maßstäbe werden in Modellgesetzen zusammengefaßt, die dann, angewendet auf physikalisch ähnliche Systeme, immer zu der gleichen Aussage führen. Die Aufstellung der Modellgesetze erfolgt durch die Umformung der NAVIER-STOKES Gleichung und der OVERBECK Gleichung Gl. (58). Für den hier betrachteten Fall gehen die beiden Gleichungen über in:

$$v_A \cdot \frac{\partial v_A}{\partial x_A} = -\frac{1}{\rho_A} \cdot \frac{d\, p_A}{d\, x_A} + \frac{\partial^2 v_A}{\partial y_A^2} \cdot g_A \cdot \gamma_A \cdot \Delta\vartheta_A \qquad (73)$$

$$c_A \cdot \rho_A \cdot v_A \cdot \frac{\partial \vartheta_A}{\partial x_A} = \lambda_A \cdot \frac{\partial^2 \vartheta_A}{\partial y_A{}^2} \qquad (74)$$

Bringt man die Maßstabsgleichungen in die Form

Eigenschaft A = f · Eigenschaft B

und setzt sie in die Gleichungen ein, so ergibt sich:

$$\frac{f_v^2}{f_L}\left(v_B \frac{\partial v_B}{\partial x_B}\right) = -\frac{f_p}{f_\rho \cdot f_L}\left(\frac{d\, p_B}{\rho\, d x_B}\right) + \frac{f_\nu \cdot f_v}{f_L{}^2}\left(\nu_B \cdot \frac{\partial^2 v_B}{\partial y_B{}^2}\right) + f_g \cdot f_\gamma \cdot f_\vartheta (g_B \cdot \gamma_B \cdot \Delta\vartheta_B) \qquad (75)$$

$$\frac{f_c \cdot f_\rho \cdot f_v \cdot f_\vartheta}{f_L} \cdot \left(\frac{\partial \vartheta_B}{\partial x_B}\right) = \frac{f_\lambda \cdot f_\vartheta}{f_L{}^2} \cdot \left(\frac{\partial^2 \vartheta_B}{\partial y_B{}^2}\right) \qquad (76)$$

Da die Gleichungen (73), (74) und (75), (76) zu gleichen Ergebnissen führen, muß gelten:

$$\frac{f_v^2}{f_L} = \frac{f_p}{f_\rho \cdot f_L} = \frac{f_\nu f_v}{f_L{}^2} = f_g \cdot f_\gamma \cdot f_\vartheta \qquad (77)$$

und

$$\frac{f_c \cdot f_\rho \cdot f_v \cdot f_\vartheta}{f_L} = \frac{f_\lambda \cdot f_\vartheta}{f_L{}^2} \qquad (78)$$

Multipliziert man Gl. (77) mit $f_L/f_v{}^2$ und Gl. (78) mit $f_L/(f_c \cdot f_\rho \cdot f_v \cdot f_\vartheta)$ erhält man:

$$1 = \frac{f_p}{f_\rho \cdot f_v^2} = \frac{f_\nu}{f_L \cdot f_v} = \frac{f_g \cdot f_\gamma \cdot f_\vartheta\, f_L}{f_v{}^2} = \frac{f_\lambda}{f_L \cdot f_\rho \cdot f_c \cdot f_v} \qquad (79)$$

Die vier Terme stellen jeder für sich ein Modellgesetz dar. Der zweite Term führt zu der RENOLDS-Zahl.

$$Re = \frac{v \cdot l}{\nu} \quad (80)$$

l ist eine charakteristische Länge der Anordnung. Die REYNOLDS-Zahl gibt das Verhältnis zwischen der wirkenden Trägheitskraft und der Reibungskraft an. Der dritte Therm bzw. die zweite Kennzahl ist die ARCHIMEDES-Zahl:

$$Ar = \frac{g \cdot l \cdot \gamma \cdot \Delta\vartheta}{v^2} \quad (81)$$

Sie gibt das Verhältnis zwischen Auftriebs- und Trägheitskraft an. Aus ihr erhält man durch Multiplikation mit l^2 die GRASHOF-Zahl.

$$Gr = \frac{g \cdot \gamma}{\nu^2} \cdot l^3 \cdot (\vartheta_2 - \vartheta_1) \quad (82)$$

Der vierte Term führt auf die PECELT-Zahl :

$$Pe = \frac{l \cdot c \cdot \varrho \cdot v}{\lambda} \quad (83)$$

Diese Zahl gibt das Verhältnis zwischen dem Wärmestrom, der durch den Fluidstrom abgeführt wird,und dem Wärmestrom, der durch Wärmeleitung in den Fluidstrom eindringt wieder. Durch die Division mit Re ergibt sich die PRANDTL-Zahl.

$$Pr = \frac{c \cdot \nu \cdot \varrho}{\lambda} \quad (84)$$

Diese Kennziffer wird ausschließlich durch Stoffwerte des Fluids bestimmt.

Da die Temperatur- und Fluidgrenzschicht sich überlagern, muß der Wärmestrom $\dot{Q}$ die Fluidgrenzschicht bei $y = 0$ durch Wärmeleitung passieren. Damit läßt sich die FOURIER-Gleichung mit Gleichung (58) verbinden.

$$\dot{Q} = -\lambda A \left(\frac{d\vartheta}{dy}\right) = A \alpha \Delta\vartheta \qquad (85)$$

Analog zu den bisherigen Modellgesetzen läßt sich aus dieser Gleichung mit

$$\frac{f_\lambda \cdot f_\vartheta}{f_L} = f_\alpha \cdot f_\vartheta \qquad (86)$$

die NUSSELT-Zahl ableiten.

$$Nu = \alpha \cdot \frac{l}{\lambda} \qquad (87)$$

Die NUSSELT-Kennziffer stellt eine dimensionslose Wärmeübergangszahl dar.

Mit Hilfe der Kennziffern können nun empirische Wärmeübergangsgesetze aufgestellt werden. Für den Fall der erzwungenen Konvektion haben die Gesetze die Form:

$$Nu = f\,(Re, Pr)$$

Um Re und Pr zahlenmäßig bestimmen zu können, ist die Bezugslänge l in die Kennzahlen einzuführen. Im Fall der ebenen Wand ist l gleich der Längserstreckung in Strömungsrichtung. Die Kennzahlen enthalten zusätzlich temperaturabhängige Stoffgrößen. Um die Berechnung zu vereinfachen, wird eine Stoffbezugstemperatur eingeführt. Für diese Temperatur sind die Stoffgrößen aus Tabellen zu entnehmen und in die Kennzahlen einzusetzen. Die wichtigsten Wärmeübergangsgesetze zur Bestimmung von Nu und Angaben über die Bezugslänge sowie die Stoffbezugstemperatur sind in /8/ wiedergegeben. Nachdem mit Hilfe dieser Gesetze die NUSSELT-Zahl bestimmt worden ist, läßt sich aus Gl. (87) der Wärmeübergangskoeffizient berechnen. Mit Gl. (82) kann dann die Temperaturdifferenz bzw. die Wärmestromdichte zwischen Körper und Fluid ermittelt werden.

3.3 Kühlung rotierender Maschinen

Das Erwärmungsverhalten eines Asynchronmotors wird durch sein Leistungsverhalten und seine konstruktive Auslegung bestimmt.

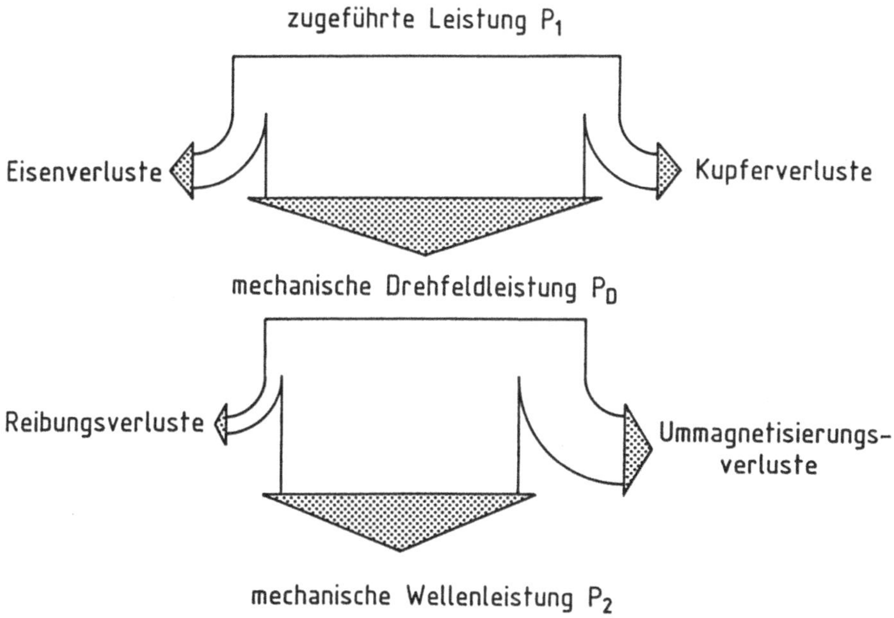

Leistungsaufteilung in einem Asynchronmotor

Bei der Leistungsbetrachtung eines Asynchronmotors sind mehrere Leistungskomponenten zu berücksichtigen. Vom Ständer wird die primäre Netzleistung P1 aufgenommen. Nach Abzug der Verluste im Ständer bleibt die Drehfeldleistung P_D . Die Drehfeldleistung tritt in den Läufer über. Innerhalb des Läufers entstehen analog zum Ständer magnetische Verluste. Nach Abzug der inneren Reibungsverluste des Motors ergibt sich dann die an der Welle abgegebene Leistung P2. Sämtliche Verluste treten als Wärmeenergien auf. Aus der Betrachtung der Verluste des Motors läßt sich auf das Erwärmungsverhalten des Motors und die innere Temperaturverteilung schließen.

3.3.1 Leistungsbetrachtung eines Asynchronmotors

Die Leistungsbetrachtung wird für den im Versuchsstand eingesetzten Asynchronmotor durchgeführt. Als Berechnungsverfahren wird das von VOGT angegebene Verfahren /3/ angewendet.

Die elektrischen Verluste in den Stromkreisen ergeben die Stromwärmeverluste. Sie können über den Spulenwiderstand der Wicklung bestimmt werden.
Für die Berechnung des Spulenwiderstands R_{Sp} der Ständerwicklung gilt:

$$R_{sp} = \frac{l_m \cdot W_{sp}}{\kappa \cdot A_1} \qquad (88)$$

Dabei sind:

- W_{sp} die Windungszahl einer Spule
- l_m die mittlere Windungslänge
- κ die temperaturabhängige Leitfähigkeit
- A_1 der Leiterquerschnitt

Der Widerstand der Käfigwicklung wird mit Hilfe einer Ersatzwicklung, die den Widerstand der Kurzschlußringe berücksichtigt, berechnet. Der Gesamtwiderstand errechnet sich aus

$$R_l = N_l \left(R_s + \frac{1}{2 \cdot \sin^2(\alpha_N / 2)} \cdot R_r \right) \qquad (89)$$

In dieser Gleichung sind:

- N_1 die Nutzahl im Läufer
- R_s der Stabwiderstand eines Stabes.
  Er wird aus

$$R_s = \frac{l}{\kappa \cdot A}$$

errechnet.

$N \cdot R_r$ der Gesamtwiderstand eines Ringes. Er wird aus

$$N \cdot R_r = \frac{2 \cdot \pi \cdot r}{\kappa \cdot A}$$

berechnet.

α_N der Winkel zwischen zwei Nutenpaaren. Damit ist

$$\alpha_N = \frac{360°}{N/P}$$

Somit ergibt sich für den gesamten Stromwärmeverlust in den Wicklungen:

$$P_{vel} = R_{ges} \cdot I^2 \tag{90}$$

I Strom je Strang

Die Widerstandszunahme durch Stromverdrängung infolge des Wechselstroms im Läuferkreis ist nach NÜRNBERG vernachlässigbar /4/.

3.3.1.1 Verluste im magnetischen Kreis

Verluste, die durch Ummagnetisierung aufgrund des sich zeitlich ändernden Magnetfeldes auftreten, setzen sich aus Hysterese- und Wirbelstromverlusten zusammen:

$$P_{vu} = \text{D} \cdot k_u \cdot \left(\frac{B}{T}\right)^2 \cdot m_{Fe} \tag{91}$$

In dieser Gleichung sind:

P_{vu} die spezifischen Ummagnetisierungsverluste, die durch die Änderung des magnetischen Zustands im Metall verursacht werden. Die Verluste im Rücken und in den Zähnen werden zweckmäßig getrennt berechnet.

k_u der Zuschlagsfaktor für den Schnittkanteneinfluß bei gestanzten Blechen.

m_{Fe} das Eisengewicht aus Rücken und Zähnen.

o die der Nutteilung entsprechende Bogenlänge.

Die einzelnen Faktoren liegen als Erfahrungswerte in Tabellen vor /3/ S. 326. Verluste, die durch Oberwellen im Luftspalt entstehen, berücksichtigen den Einfluß der Oberwellen des Magnetfeldes. Bei genuteten Begrenzungsflächen entstehen durch wechselnde Magnetisierung in den Zähnen Pulsationsverluste. Durch Oberwellenfelder im Luftspalt treten zusätzlich Oberflächenverluste in den Zahnköpfen auf.

NÜRNBERG /4/ berücksichtigt diese Verluste durch einen Zuschlag von 200% zu den allgemeinen Ummagnetisierungsverlusten.
Nach VOGT /3/ S. 330 ff. lassen sich die Verlustposten getrennt berechnen. Für die Oberflächenverluste durch Nutungsoberwellen wird folgende empirische Gleichung angegeben:

$$P_{vo} = k_o \cdot \left(\frac{N \cdot n}{10000\,/\,min} \right)^{1.5} \cdot \left(\frac{B_{max}\,(k_c - 1)}{T} \; \frac{\tau_n}{mm} \right)^2 \cdot A_0 \quad (92)$$

Darin sind: K_0 der Oberflächenfaktor zur Berücksichtigung der Polschuhausführung in W/m²

N die Nutzahl

n die Nenndrehzahl in 1/min

B_{max} die Induktionsamplitude des durch die Nutung verursachten Oberwellenfeldes in T

k_c der CARTER'sche Faktor

τ_n die Nutteilung bzw. der mittlere Zahnabstand.

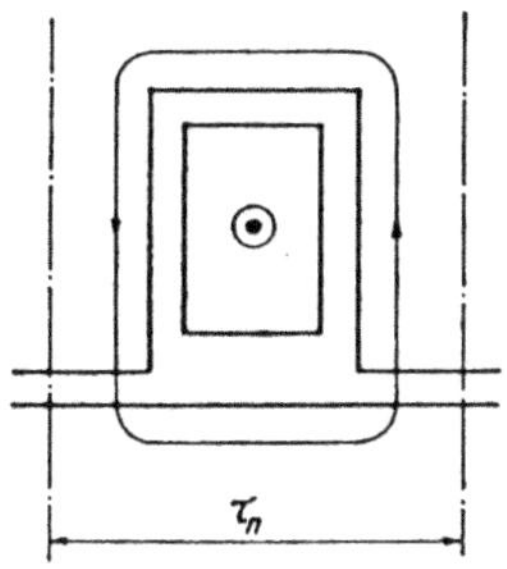

Mittlerer Zahnabstand

Der Faktor k_0 berücksichtigt die Art der Polschuhausführung. τ_n ist der mittlere Zahnabstand. Der CARTER'sche Faktor k_C berücksichtigt den durch Nutung und Flächenverlust verursachten Unterschied zwischen tatsächlicher und ideeller Induktion. k_C kann nach folgender Gleichung berechnet werden:

$$k_c = \frac{\tau_n}{\tau_n - \chi b_s} \qquad (93)$$

Der Hilfsfaktor χ kann in Abhängigkeit von der Luftspaltbreite δ und der Nutöffnung b_S dem folgenden Diagramm entnommen werden.

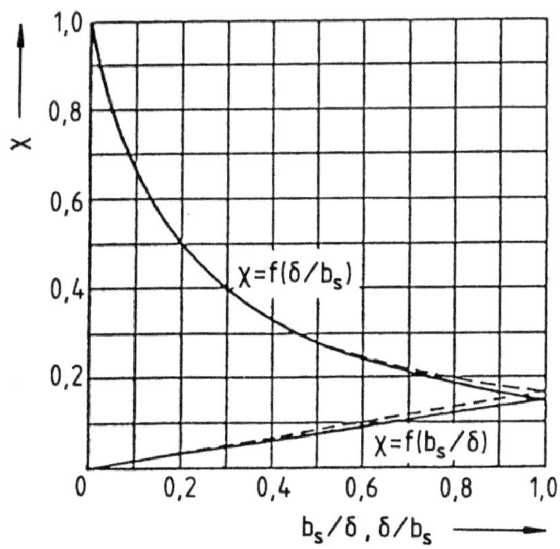

Hilfsgröße zur Ermittlung des CARTER'schen Faktors

Die Pulsationsverluste werden für den Ständer und für den Läufer getrennt nach empirischen Gleichungen berechnet.
Für den Läufer gilt:

$$P_{vpl} = 8.3 \cdot \sigma_{wb} \cdot \left(\frac{N_s \cdot n}{10000 / min}\right)^2 \cdot \left(\frac{\hat{B}_{pl}}{T}\right)^2 \cdot m_{zl} \qquad (94)$$

In dieser Gleichung sind:

σ_{wb} die spezifischen Ummagnetisierungsverluste bei 50 Hz und 1 T.

N_s die Nutzahl im Ständer

m_{Zl} die Masse der Läuferzähne

B_{pl} die mittlere Induktion des pulsierenden Zahnfelds in den Läuferzähnen

B_{pl} läßt sich berechnen aus:

$$\hat{B}_{pl} = \frac{\tau_{ns}}{2 \cdot \tau_{nl}} \cdot k_{cl} \, (k_{cs} - 1) \cdot B_{zl} \qquad (95)$$

Darin sind:

τ_{nl} der mittlere Zahnabstand des Läufers bzw.

τ_{ns} des Ständers

k_{cs}, k_{cl} die entsprechenden Streukoeffizienten.

Richtwerte für die üblichen Induktionswerte B elektrischer Maschinen sind in /8/ in den Tabellen im Anhang angegeben.

Für den Ständer gilt formal auch Gl.(94), wobei die maximale Induktion nach folgender Gleichung berechnet wird:

$$\hat{B}_{ps} = \frac{\tau_{nl}}{2 \cdot \tau_{ns}} \cdot k_{cs} \cdot (k_{cl} - 1) \cdot B_{zs} \qquad (96)$$

3.3.1.2 Mechanische Verluste

Neben den Verlusten in den Stromkreisen treten mechanische Verluste auf. Hierzu zählen vor allem Reibungsverluste in den Lagern, im Lüfter und am Läufer. Da die Berechnung der durch den Lüfter verursachten Verluste aufwendig ist, beruhen die Gleichungen zur Berechnung der Reibungsverluste auf experimentell ermittelten Werten. Die allgemeine Gleichung lautet nach VOGT /3/:

$$P_{vrb} = k_{rb} \cdot D_l \cdot \pi \cdot v_l^2 \cdot l_l \qquad (97)$$

k_{rb} ist ein Faktor für die Gas- und Lagerreibung in oberflächenbelüfteten Maschinen mit Kugellagern.

Aus den einzelnen Verlusten läßt sich die örtliche Erwärmung der einzelnen Elemente der Maschine bestimmen, aus der unter Berücksichtigung der Kühlverhältnisse die innere Wärmeverteilung der Maschine errechnet werden kann.

3.3.2 Das Temperaturfeld im Stator

Im folgenden wird die Wärmeverteilung im Stator rechnerisch behandelt. Dazu werden aus den theoretischen Grundlagen Gleichungen hergeleitet.

Die Berechnung wird im wesentlichen nach dem von GOTTER /1/ beschriebenen Rechenweg durchgeführt. Danach kann der Stator in die Wicklungsköpfe, das Nutenkupfer und das Statoreisen aufgeteilt werden. Die Wicklungsköpfe können als thermisch entkoppelt von den beiden anderen Elementen betrachtet werden.

Das bedeutet, daß kein Wärmeaustausch zwischen dem Nutenkupfer und den Wicklungsköpfen erfolgt. Weiterhin sollen mittensymmetrische Kühlbedingungen vorausgesetzt werden. Die gegenseitige Abdeckung der Wicklungsköpfe wird in der Definition der wirksamen Kühlfläche berücksichtigt. Die Verluste der Wicklungsköpfe P_v ergeben sich zu:

$$P_v = \frac{l \cdot W_{sp} \cdot n}{\kappa \cdot A_1} \cdot I^2 \qquad (98)$$

Es bedeuten:

- l die mittlere Länge einer Verbindung
- w_{Sp} die Anzahl der Wicklungen
- n die Anzahl der Wicklungsköpfe
- $\varkappa$ die Leitfähigkeit des entsprechenden Leitermaterials.

Ein Wicklungsstrang kann nach GOTTER (/1/ S. 67, 263) aufgrund der Nutform angenähert als Kreiszylinder mit innerer Wärmequelle angesehen werden. Die Wärme fließt in radialer Richtung ab. Aus der Leitfähigkeit des Kupfers und des Isoliermaterials wird eine resultierende Leitfähigkeit bestimmt. Dabei wird davon ausgegangen, daß die Isoliermasse eine annähernd gleiche Wärmeleitfähigkeit wie der Drahtauftrag besitzt und die Zwischenräume vollständig füllt. Damit ist:

$$\lambda_{res} \approx \lambda_i \cdot \left(\frac{d}{s_i} + \frac{s_i}{d'} \right) \tag{99}$$

Darin ist d der Durchmesser des metallischen Leiters, d' der Durchmesser des isolierten Leiters und $s_i = d' - d$ der gesamte Auftrag.
Die Wärmeflußdichte ergibt sich aus Gleichung (32) zu:

$$W_r = \frac{P_{vges}}{V_{ges} \cdot A} = -\lambda \cdot \frac{d\vartheta}{dr} \tag{100}$$

bzw.

$$\frac{d\vartheta}{dr} = -\frac{P_v}{V_{ges} \cdot A \cdot \lambda}$$

V_{ges} stellt das Gesamtvolumen der Wicklungsköpfe dar. Durch die gegenseitige Überdeckung der Wicklungsköpfe reduziert sich die maximal mögliche Kühlfläche. GOTTER gibt die Reduzierung mit 30% an. Die Integration ergibt:

$$\vartheta = -\frac{P_v}{V_{ges} \cdot A \cdot \lambda} \cdot r^2 + e \qquad (101)$$

Unter der Annahme $\vartheta_{ra} = 0$ und den obengenannten Randbedingungen ist:

$$e = -\frac{P_v}{4 \cdot \lambda \cdot V_{ges}} \cdot r_a^2 \qquad (102)$$

Damit läßt sich das Temperaturfeld darstellen.

$$\vartheta_r = \frac{P_v}{4 \cdot \lambda \cdot V_{ges}} \cdot (r_a^2 - r^2) \qquad (103)$$

4 Versuche

4.1 Allgemeines

Die mit Hilfe der nachstehend beschriebenen Prüfstände durchgeführten Versuche dienen dazu, das Betriebsverhalten eines Elektromotors unter Öl und unter Druck kennzulernen. Hierbei liegt besondere Aufmerksamkeit auf der Untersuchung der Leistungsfähigkeit und des Erwärmungsverhaltens der Maschine. Die Versuche sind für die Entwicklung und Optimierung von Maschinen notwendig, die unter extremem Umgebungsdruck arbeiten, wie er z. B. im Tiefseebereich vorliegt. Die Versuche umfassen Leistungsversuche unter Öl und unter hohem Umgebungsdruck, die für die Entwicklung und Optimierung von Maschinen von besonderer Bedeutung sind.

4.2 Beschreibung des Unteröl-Motorenprüfstandes

Um die Möglichkeit des Betriebs einer DAS-Maschine im Ölbad und bei Belastung grundsätzlich nachzuweisen, wurden Vorversuche mit einem Unteröl-Motorenprüfstand durchgeführt. Hiermit konnte die Maschine sowohl bei Nennlast als auch bei Überlast erfolgreich betrieben werden.

4.2.1 Der mechanische Prüfstandsaufbau

Um die verschiedenen interessierenden Betriebs- und Versuchsbedingungen zu erreichen, wurde ein Motorenprüfstand so konstruiert und gefertigt, daß er verschiedenen Fragestellungen entsprechend umgerüstet werden kann. Der mechanische Aufbau des Versuchsstandes ist im nachstehenden Bild schematisch dargestellt.
Der Versuchsmotor kann sowohl in Luft als auch unter Öl betrieben werden. Es handelt sich um eine oberflächengekühlte Maschine mit einem Außenlüfter aus Aluminium. Da die Maschine während der Versuche mit Ölkühlung von außen mit Öl durchströmt werden sollte, wurden die beiden Lagerschilde mit je 8 Bohrungen à 3/8" versehen.

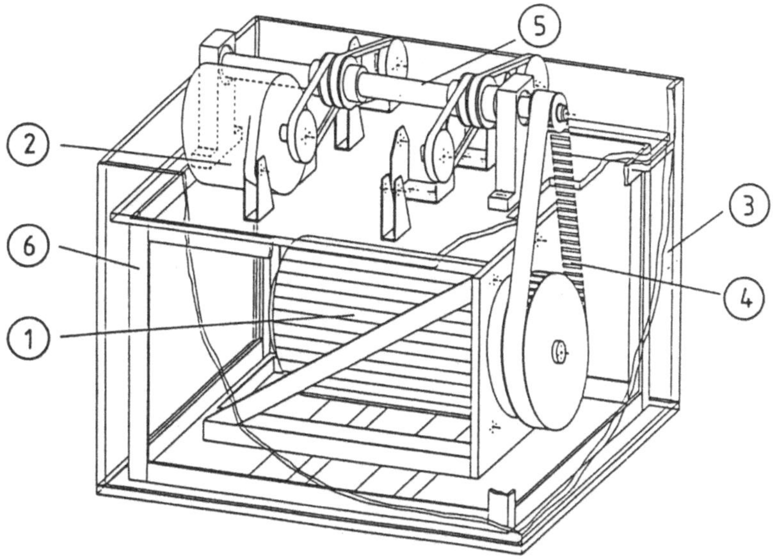

1 Prüfmotor
2 Drehstrom-Generator
3 Ölbehälter
4 Abtrieb (Zahnriemen)
5 Transmissionswelle
6 Grundgestell (absenkbar)

Unteröl-Motorenprüfstand

Technische Daten des Versuchsmotors

Fabrikat :	AEG
Typ :	eAM 100 LY 4
Nr. :	06113516
Leistung :	2,0 kW
Drehzahl :	1420 min^{-1}

Zusätzlich erhielt das Statorgehäuse des Motors Bohrungen, um Thermoelemente in das Innere der Maschine einzuführen. Die Wicklung wurde erneuert und - wie im Foto ersichtlich - mit Führungshülsen für Thermoelemente versehen. Für die Versuchsreihen im Unterölbetrieb werden der Lüfter und das Lüfterleitblech entfernt.

Bohrungen im Stator zur Aufnahme der Thermoelemente

Die Belastungseinrichtung

Die Einrichtung zur mechanischen Belastung des Versuchsmotors besteht aus einem durch ein Zahnriemengetriebe über eine Verteilerwelle und einen Keilriemen gekoppelten Drehstrom-Generator und einer Belastungseinrichtung. Letztere ist aus einer Reihen- und Parallelschaltung von OHM'schen Widerständen aufgebaut. Die mechanische Belastung des Motors ist dabei etwa der Erregung des Generators und der Summe der Belastungswiderstände proportional. Die Erregung des Generators ist mit einem Gleichrichternetzgerät stufenlos einstellbar, indem die an die Erregerwicklung angelegte Spannung im Bereich on 0 - 24 V verstellt wird. Die Belastungswiderstände in Dreieckschaltung sind über Schaltschütze mit dem Generator verbunden.

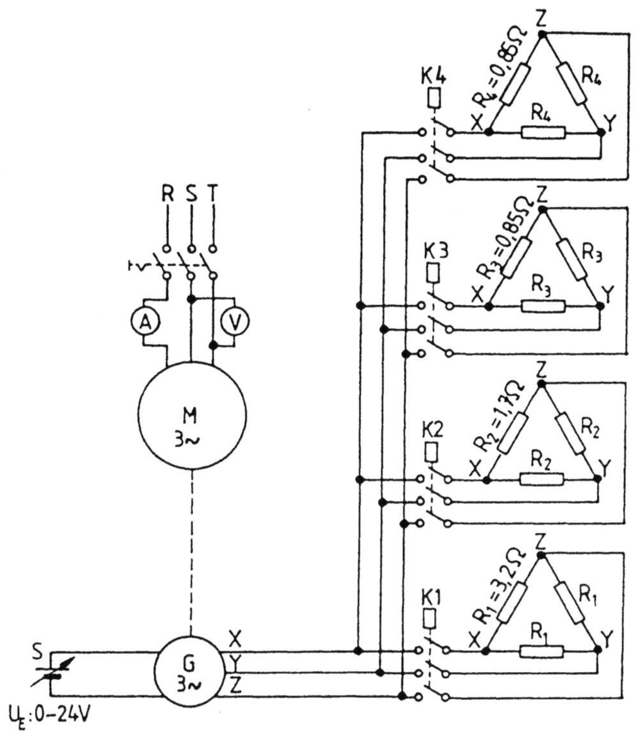

M : Drehstrommotor
G : Drehstromgenerator
V : Spannungsmesser
A : Strommesser

U_E : Erregerspannung
K : Schaltschütz
R : Widerstand
S : Steuergerät für die Erregung

Mit vier verschiedenen Widerständen kann die Belastung feinstufig im Bereich von 0,135 kW bis 1,410 kW verstellt werden. Das Betätigungsschema der Schaltschütze k 1 ... k 4 zur Realisierung der 11 Laststufen ist in der nachstehenden Matrix angegeben.

	Belastungsstufe	1	2	3	4	5	6	7	8	9	10	11
Schalt-schütz Nr.	K_1	X		X		X		X		X		X
	K_2		X	X			X	X			X	X
	K_3				X	X	X	X	X	X	X	X
	K_4								X	X	X	X
max. Wirkleistung [W]		135	255	390	510	645	765	900	1020	1155	1275	1410

4.2.2 Einrichtungen zur Meßdatenerfassung und -aufzeichnung

Motorbetriebsdaten

Zur Aufnahme der elektrischen Daten des Versuchsmotors dienen Leistungs-, Strom- und Spannungsmesser mit Analoganzeigen, deren Anschlußplan im nachfolgenden Schemabild dargestellt ist.

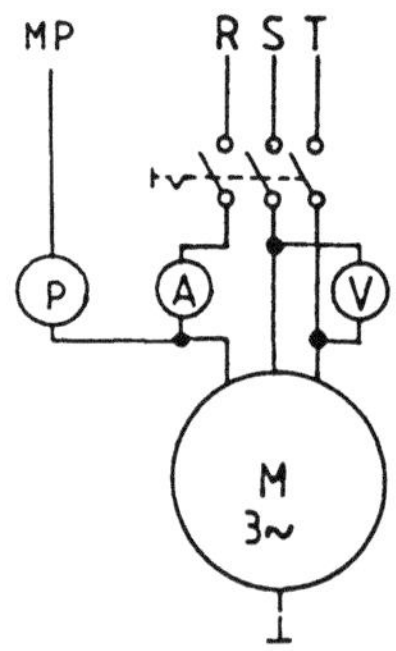

Schaltplan der Meßinstrumente

Geräteliste:

Spannungsmesser		Leistungsmesser	
Typ:	Wechselstrominstrument	Typ:	Wattavi
Meßbereich:	0-400 V	Meßbereich:	0-25 kW
Klasse:	1,5	Klasse:	1,5
Strommesser		Drehzahlmesser	
Typ:	Wechselstrominstrument	Typ:	Stroboskop
Meßbereich:	0-5 A	Meßbereich:	100-10000 min^{-1}
Klasse:	1,5	Klasse:	1,5

Die Temperaturmeßeinrichtung

Um das Temperaturverhalten des Versuchsmotors laufend zu erfassen, sind an sechs für die Erwärmung charakteristischen Stellen des Stators Thermoelemente eingesetzt.

Das Meßverfahren beruht auf Thermoelementen der Paarung NiCr/Ni nach DIN 43710 sowie der Kompensationsmeßmethode.

Die erforderlichen Vergleichsstellen für die Thermoelementmessung liegen innerhalb des Meßgeräts, das mit einem Punktsechskanaldrucker mit integriertem Gleichspannungsverstärker ausgerüstet ist. Der prinzipielle Schaltungsaufbau ist im nachstehen Blockschaltbild dargestellt.

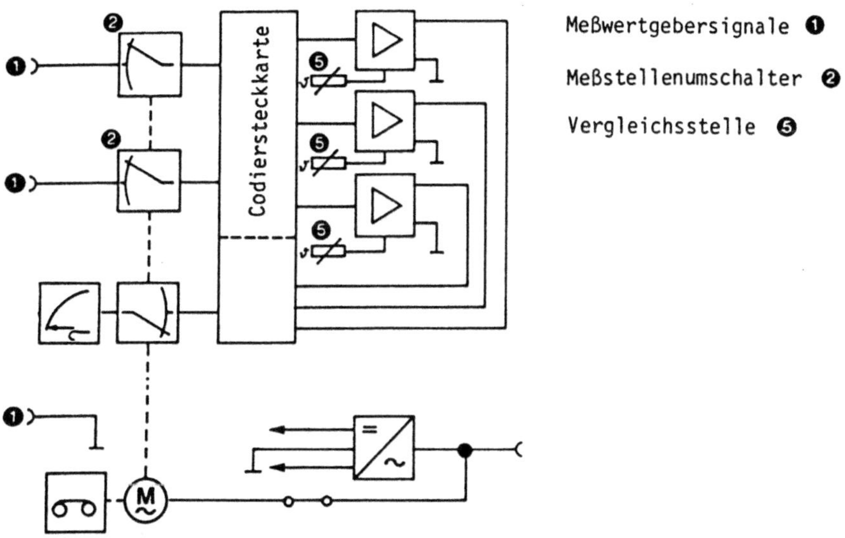

Blockschaltbild der Meßeinrichtung

Anordnung und Gestaltung der Meßstellen

Um ein möglichst genaues Bild über das Temperaturfeld im gesamten Ständer zu erhalten sind die Meßstellen in den Wickelköpfen und im Statoreisen verteilt angeordnet. Verwendet wurden Mantelthermoelemente mit einem Außendurchmesser von 2,0 mm. Zur Erzielung eines hinreichenden Wärmeleitkontaktes mit der Umgebung an der Meßstelle und zur Fixierung der Thermoelemente sind bei der Herstellung der Wicklung Metallhülsen eingesetzt worden.

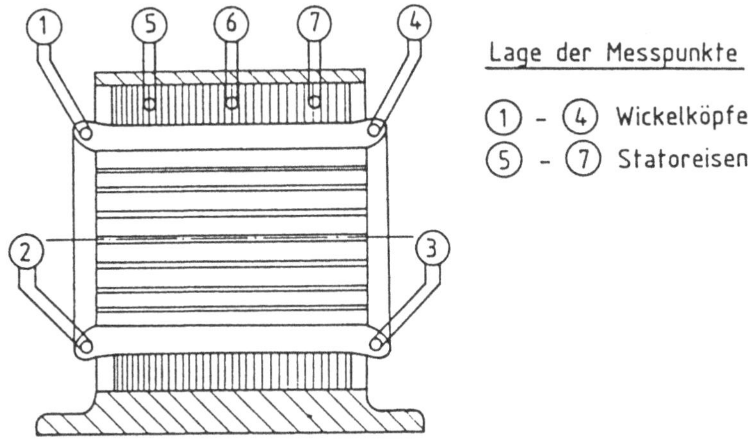

Anordnung der Thermoelemente im Stator

4.2.3 Versuchsbeschreibung und -durchführung

Bei den ersten Versuchen mit Luft wurden unter verschiedenen Belastungen die Temperaturen an den Meßstellen 1,2,3,5,7 und die Umgebungstemperatur aufgenommen und in Zeitabständen von 2,5 Sekunden mit dem Registriergerät aufgezeichnet. Dabei wurden die Dauerlastversuche in den nachstehenden Wirkleistungsstufen durchgeführt.

$$P_W = \{1{,}2\ ;\ 1{,}8\ ;\ 2{,}0\ ;\ 2{,}2\}\ \text{kW}$$

Bei den Versuchen unter Öl ergab sich bereits aus durchgeführten Vorversuchen, daß infolge gesteigerter Wärmeabfuhr die Dauerleistungen des Motors oberhalb der vom Hersteller angegebenen Nennleistung möglich ist. Deswegen wurden die Versuche im Unterölbetrieb in einem nach oben erweiterten Lastbereich durchgeführt.

$$P_W = \{2{,}2\ ;\ 3{,}5\ ;\ 4{,}5\}\ \text{kW}$$

Versuchsdurchführung

Nach Einstellung der Meßgeräte auf die in Frage kommenden Meßbereiche und Feinjustierung wurde die Erregerspannung der Drehstromgeneratoren zur Erzielung der vorgegebenen Lastzustände eingestellt und das Versuchsprotokoll angelegt.

Beim Vergleich der Eigenschaften der Versuchsmaschine zwischen dem Betrieb in Luft und unter Öl interessierte in erster Linie die im Dauerbetrieb erreichte maximale Übertemperatur.

Die Motordrehzahl wird wegen ihrer Temperaturabhängigkeit ebenfalls überwacht. Der Ausgangswert wird jeweils registriert.
Die Drehzahl der Maschine fällt mit zunehmender Temperatur ab.

4.2.4 Versuchsauswertung

Zusammen mit den Daten des Meßprotokolls erfolgt die Auswertung der im Punktschreiber aufgenommenen Meßstreifen.
Die Temperaturanstiege an den verschiedenen Meßstellen verlaufen erwartungsgemäß nach einer Funktion

$$\Theta = \Theta_e \cdot (1 - e^{-t/\tau})$$

Θ Temperatur
Θ_e Endtemperatur
t Zeit
τ Zeitkonstante

wobei allerdings zu berücksichtigen ist, daß auch die Umgebungstemperatur infolge der Aufheizung des Laborraumes anstieg. Die Übertemperaturen an den verschiedenen Meßstellen ergeben sich nach Abzug der jeweiligen Umgebungstemperaturen von den Meßwerten. Erst danach können bereinigte Temperaturanstiege für eine konstante Umgebungstemperatur aufgezeichnet werden, aus denen sich die jeweiligen Zeitkonstanten und die Zeitdauer bis zum Erreichen der End-Übertemperaturen ermitteln läßt.

Die ausgewertete Gesamtzeit beträgt bei den Versuchen mit Luftkühlung 90 min und im Fall der Ölkühlung 5 min, da nach diesen Versuchszeiten keine wesentliche Temperaturveränderung mehr erkennbar war. Die abgelesenen Werte werden zusammen mit den Meßprotokollen in einem Ergebnisbogen tabellarisch festgehalten. Anschließend erfolgt die grafische Darstellung der Erwärmungskurven. Da bei den Versuchen mit Ölkühlung eine Übertemperatur von maximal 5 °C auftritt und bei diesen geringen Unterschieden die Auflösung zwischen den Temperaturen an den verschiedenen Meßpunkten im Bereich der Streuung liegt, wurde zur Darstellung im Schaubild jeweils die heißeste und kälteste Meßstelle verwendet. Die Nummern der Meßwertkurven entsprechen denen der Thermoelemente. Bedingt durch den Versuchsaufbau verändert sich die mit U gekennzeichnete Kühlmitteltemperatur. Die Darstellung der Meßwerte erfolgt umgebungstemperaturbereinigt, d. h. es werden ausschließlich die Übertemperaturen wiedergegeben.

Versuchs-Nr.	Kühlungsart	Wirkleistungsaufnahme
1.1	Luft	1,2 kW
1.2		1,8 kW
1.3		2,0 kW
1.4		2,2 kW
2.1	Öl	2,2 kW
2.2		3,5 kW
2.3		4,5 kW
Vergleich 1.4/2.1	Luft/Öl	2,2 kW

Ausgewertete Versuche

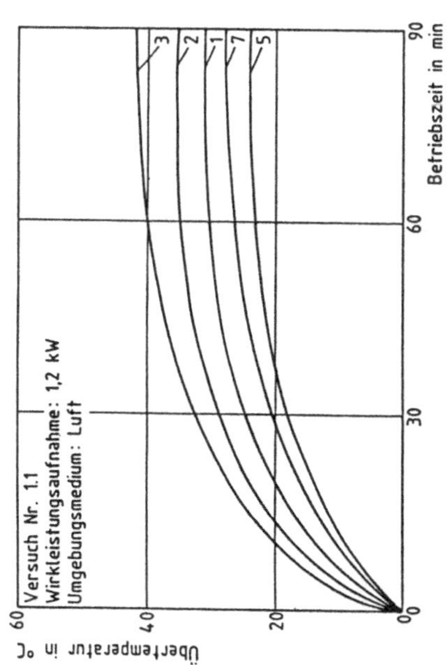
Versuch Nr. 1.1
Wirkleistungsaufnahme: 1,2 kW
Umgebungsmedium: Luft
Übertemperatur in °C
0
20
40
60
0
30
60
90
Betriebszeit in min
3
2
1
7
5

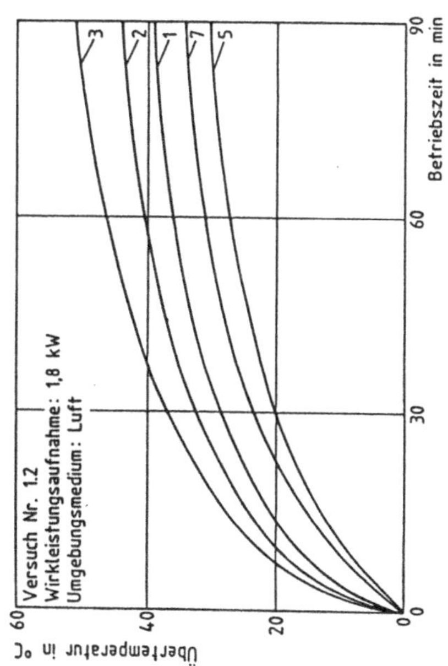
Versuch Nr. 1.2
Wirkleistungsaufnahme: 1,8 kW
Umgebungsmedium: Luft
Übertemperatur in °C
0
20
40
60
0
30
60
90
Betriebszeit in min
3
2
1
7
5

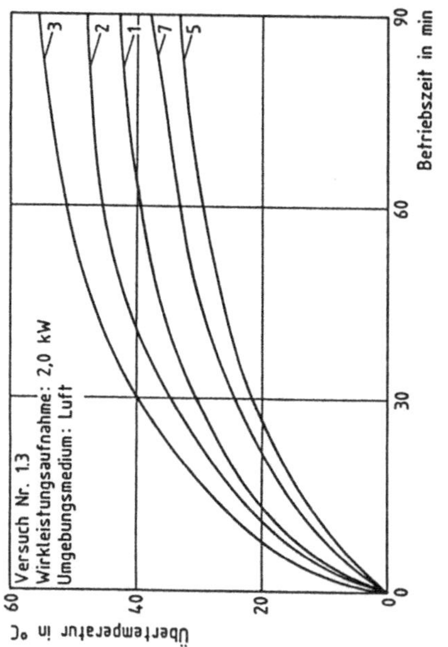
Versuch Nr. 1.3
Wirkleistungsaufnahme: 2,0 kW
Umgebungsmedium: Luft
Übertemperatur in °C
0
20
40
60
0
30
60
90
Betriebszeit in min
3
2
1
7
5

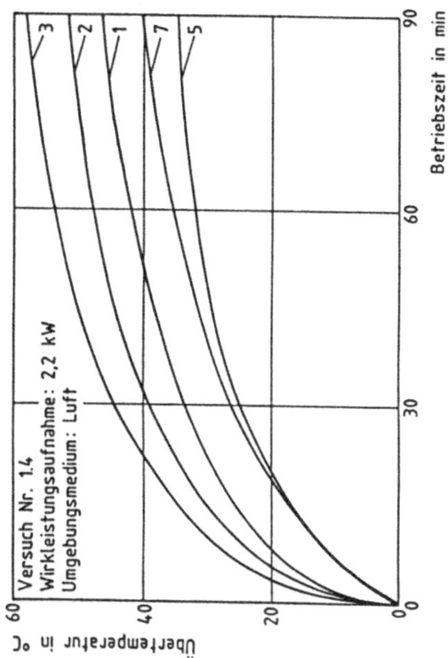
Versuch Nr. 1.4
Wirkleistungsaufnahme: 2,2 kW
Umgebungsmedium: Luft
Übertemperatur in °C
0
20
40
60
0
30
60
90
Betriebszeit in min
3
2
1
7
5

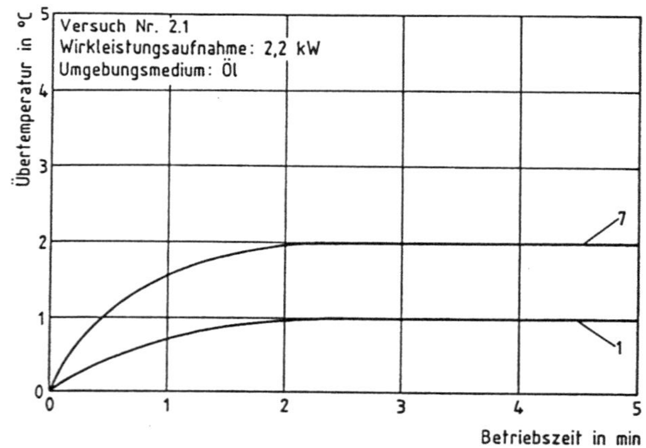
Versuch Nr. 2.1
Wirkleistungsaufnahme: 2,2 kW
Umgebungsmedium: Öl
Übertemperatur in °C
Betriebszeit in min
0
1
2
3
4
5
7
1

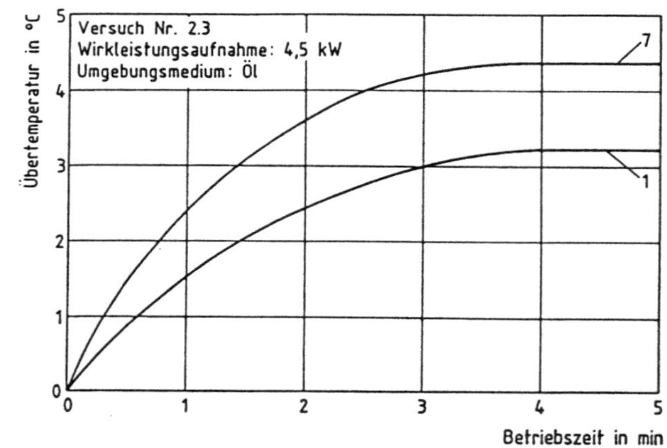
Versuch Nr. 2.3
Wirkleistungsaufnahme: 4,5 kW
Umgebungsmedium: Öl
Übertemperatur in °C
Betriebszeit in min
0
1
2
3
4
5
7
1

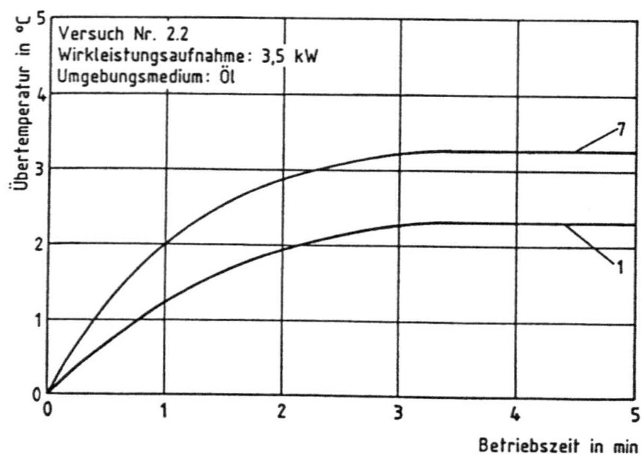
Versuch Nr. 2.2
Wirkleistungsaufnahme: 3,5 kW
Umgebungsmedium: Öl
Übertemperatur in °C
Betriebszeit in min
0
1
2
3
4
5
7
1

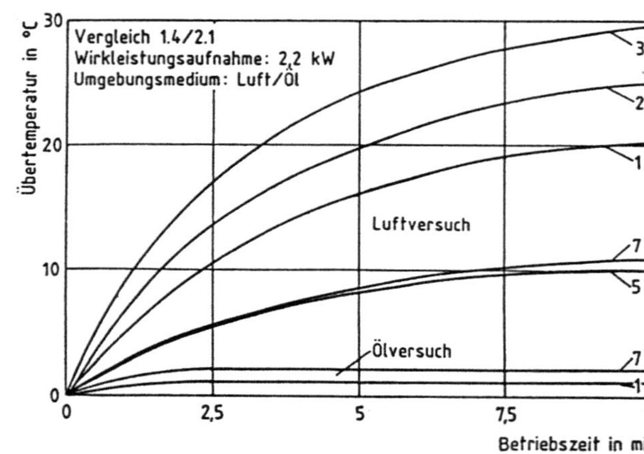
Vergleich 1.4/2.1
Wirkleistungsaufnahme: 2,2 kW
Umgebungsmedium: Luft/Öl
Übertemperatur in °C
Betriebszeit in min
0
10
20
30
2,5
5
7,5
Luftversuch
Ölversuch
3
2
1
7
5
7
1

Diskussion der Ergebnisse

Die Versuche mit Luftkühlung entsprechen in ihrem Ergebnis dem bisher bekannten Erwärmungsverhalten. Der Verlauf des Temperaturanstiegs läßt sich durch eine Exponential-Funktion approximieren. Nach VDE 0530 gilt für den Temperaturverlauf:

$$\Theta = \Theta_e \cdot (1 - e^{-t/\tau_e})$$

Darin sind:

τ_e Zeitkonstante des Erwärmungsvorganges
Θ_e Endübertemperatur

Die Meßwerte werden in den ersten Sekunden der Anlaufphase durch das zeitlich verzögerte Zuschalten der Belastung und die Einschaltstromspitze beeinflußt, wodurch die Meßwerte in diesem Bereich keine klare Aussage über den Funktionsverlauf zulassen. Aus diesem Grund wurde eine mittlere Zeitkonstante aus drei Zeitkonstanten, die zu den Zeitpunkten t_1, t_2 und t_3 grafisch aus den Temperaturverlaufskurven durch Anlegen von Tangenten bestimmbar sind, gebildet. Die Endübertemperatur wird bei den Versuchen mit Luftkühlung etwa nach 4 Zeitkonstanten erreicht. Die Differenz der Endübertemperaturen an den Meßpunkten 5 und 3 ist charakteristisch für das Temperaturfeld einer oberflächengekühlten Maschine.

Beim Vergleich der beiden Kühlungsarten wird deutlich, daß sich die Stellen mit der höchsten und niedrigsten Erwärmung verschieben. Bei der Kühlung mit Luft erwärmen sich bei geschlossener Maschine die Wicklungen erfahrungsgemäß stärker als das Statoreisen. Im Fall der Ölkühlung liegt die entgegengesetzte Situation vor. Hier tritt die maximale Erwärmung innerhalb des Statoreisens auf. Aus dieser Tatsache lassen sich einige Folgerungen ableiten:

1. Die Verschiebung des Temperaturfeldes wird durch die geänderten Wärmeübergangsbedingungen verursacht, da bei offener

Maschine und Flüssigkeitsfüllung die Wickelköpfe besser gekühlt werden als das Eisenpaket.

2. Der Wärmefluß in den einzelnen Statorelementen verläuft bei Kühlung mit Öl völlig anders, da der Wärmeübergang vom Statorblechpaket an das Kühlmedium sich durch den Einsatz von Öl verändert.

Bei den Versuchen im Unterölbetrieb spielt die Erwärmung der Wicklungen kaum eine Rolle. Wegen der wesentlich verbesserten Kühlung der Wicklungen und des aktiven Eisens kann die Dauer-Nennleistung bis dicht an die Kippleistung herangeschoben werden. Dies bedeutet, daß die Nennleistung desselben Motors unter Öl etwa das 2,5-fache der Nennleistung in Luft beträgt.

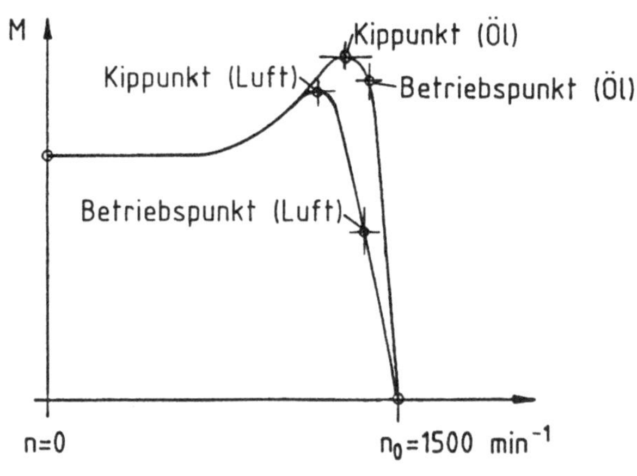

Kennlinie eines Kurzschlußläufermotors bei Luft- und bei Ölkühlung

Schon während der Vorversuche im Unteröl-Betrieb zeigte sich, daß die Messung der Wellenleistung der Maschine für detaillierte Auswertungen erforderlich ist. Deswegen wurde ein universeller Leistungsprüfstand hergerichtet, der die Erfassung aller relevanten Antriebs- und Abtriebs-Meßdaten ermöglicht.

4.3 Versuche mit dem Universal-Leistungsprüfstand

Auf dem Universal-Leistungsprüfstand wurde ein DAS-Versuchs-Motor (Nennleistung 2,2 kW, Nenndrehzahl 1470 min^{-1}) sowohl in Luft als auch in modifizierter Form unter Öl betrieben. Bei diesen Versuchen wurden sowohl die Drehzahl-Drehmomentkennlinien als auch die Wirkungsgradkennlinien - bezogen auf das normierte Drehmoment - ermittelt. Der Universal-Versuchsstand dient auch dazu, den Drehwiderstand des Versuchsmotors in Luft und mit Ölfüllung zu messen. Darüber hinausgehend können die Trageigenschaften des aus Stator und Rotor der Maschine gebildeten Gleitlagers experimentell untersucht werden, was jedoch Gegenstand einer geplanten Weiterführung des Vorhabens sein soll.

4.3.1 Beschreibung des Versuchsstandes

Die im nachstehenden Foto abgebildete Versuchsanordnung besteht im wesentlichen aus dem Versuchsmotor, der Belastungsmaschine mit Momentenmeßeinrichtung und dem Meßgeräteaufbau.

Versuchsaufbau mit dem Universal-Leistungsprüfstand

Der Versuchsmotor ist in einem Behälter mit einer Wellendurchführung angeordnet. Der Betrieb kann wahlweise in Luft in normgerechter Bauform des Motors oder mit Öl überflutet in modifizierter Bauform erfolgen. Der Motor ist mit 6 Thermoelementen bestückt, deren Einbaulage der folgenden Abbildung zu entnehmen ist. Mit Hilfe dieser Temperaturfühler ist es möglich, die Tem-

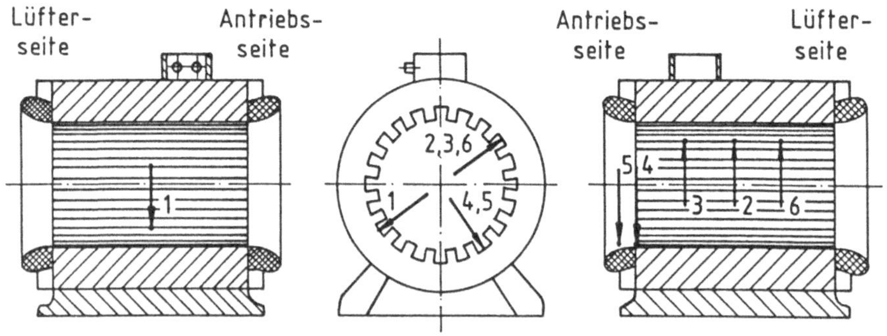

Einbaulage der 6 Thermoelemente im Stator

peraturverteilung in der Maschine sowohl bei Betrieb in Luft als auch in Öl zu ermitteln. Die Erwärmung der Maschine kann in Abhängigkeit von der Leistung und über der Zeit erfaßt werden.

Technische Daten der Versuchsmaschine

Fabrikat:	AEG
Typ:	AM 100 LS 4
Leistung:	2,2 kW
Drehzahl:	1400 min^{-1}
Wirkungsgrad:	0,77
Leistungsfaktor:	0,8

Zu Beginn der Versuche wurde die Bohrung des Stators gehont, wodurch sich die Spaltweite δ der Maschine geringfügig auf einen Wert von 0,414 mm erhöhte. Außerdem wurden die Lagerschilde mit Bohrungen versehen, die beim späteren Unterölbetrieb für die Durchströmung der Maschine erforderlich sind.

Der Behälter, in dem der Motor installiert ist, ist oben offen; er hat ein Fassungsvermögen von 120 l. Die Kühlung des Öls ist über einen thermostatgeregelten Kühlkreislauf möglich; eine Umwälzpumpe fördert das Öl durch das Thermostatventil, Schläuche und Kühler wieder in den Behälter. Dadurch ist es möglich, die Kühlmitteltemperatur bei Unterölversuchen nahezu konstant zu halten.

Der Versuchsmotor ist über 2 torsionssteife Kupplungen und eine Zwischenwelle mit der Belastungsmaschine verbunden. Als Lastmaschine ist ein Norm-DAS-Motor in Flanschbauart mit einer Leistung von 11 kW eingesetzt, dessen Statorwicklung über ein Gleichstrom-Bremsgerät mit einer Gleichspannung versorgt wird und hiermit ein stufenlos verstellbares stehendes Ständerfeld bewirkt. Das Bremsmoment hängt direkt von der Größe des Bremsstroms ab. Die Bremsmaschine ist an der Abtriebswelle fliegend gelagert, so daß das Gehäuse frei pendelt. Dadurch kann das Bremsmoment der Maschine über eine Momentenstütze mit einer Kraftmeßeinrichtung ermittelt werden. Ein in der Maschine eingebauter Thermoschutz verhindert die thermische Überlastung der Wicklung.

Die an der Momentenstütze angebrachte Kraftmeßeinrichtung besteht im wesentlichen aus einem mit DMS applizierten Meßring aus Aluminium. Die temperaturkompensierten DMS sind als Vollbrücke geschaltet. Die elastische Verformung des Meßrings, der momentenfrei über Kreuzgelenke gezogen wird, ist ein Maß für die vorhandene Zugkraft. Vor den Versuchen wurde dieses Meßelement genau kalibriert. Ein Fehler in der Wiederholgenauigkeit und der Linearität des Meßsignals war innerhalb des kalibrierten Meßbereiches nicht meßbar.

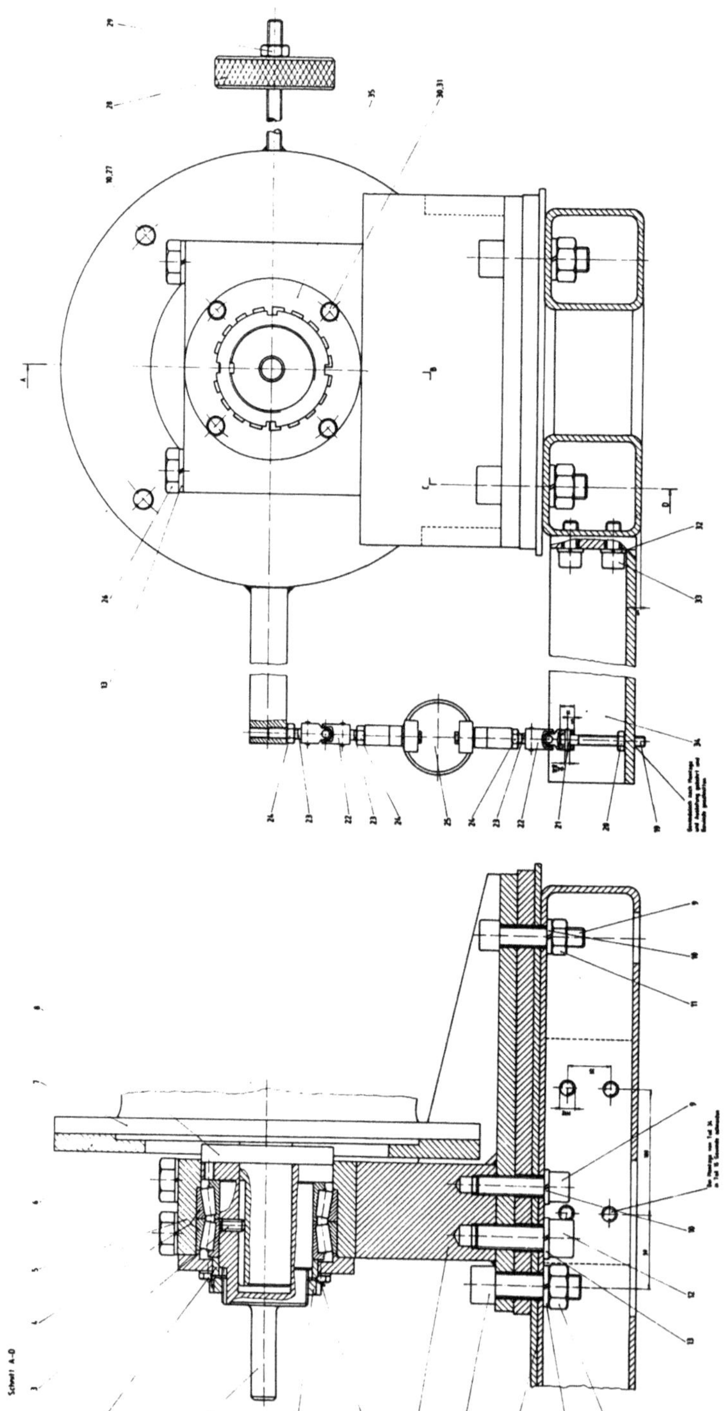

Belastungseinheit mit Momentenmeßeinrichtung

1	2	3	4	5	6
Pos	Menge	Einheit	Benennung	Sachnummer/Norm-Kurzbezeichnung	Bemerkung
1	1	Stck	Anschlußwelle	842-S3-Z1.1	
2	1	Stck	Ring	842-S3-Z1.2	
3	1	Stck	Gewindestift mit Innensechskant	DIN 916-M10x20-10.9	
4	2	Stck	Kegelrollenlager	SKF-32015X	O-Anordnung
5	1	Stck	Lagergehäuse	842-S3-Z1.5	
6	1	Stck	Anschlußflansch	842-S3-Z1.6	
7	1	Stck	Flanschmotor 11 kW	VEM-KMER 160 M2-8, Mx8	
8	1	Stck	Scheibe	842-S3-Z1.8	
9	4	Stck	Zylinderschrauben mit Innensechskant	DIN 912-M16x70-10.9	
10	8	Stck	Federringe	DIN 127-B 16	
11	2	Stck	Sechskantmuttern	DIN 934-M16-10	
12	4	Stck	Zylinderschrauben mit Innensechskant	DIN 912-M20x70-10.9	
13	8	Stck	Federringe	DIN 127-B 20	
14	2	Stck	Sechskantmuttern	DIN 934-M20-10	
15	1	Stck	Behälter	842-S3-Z1.15.1	
16	1	Stck	Lagerbock	842-S3-Z1.16.1	
17	1	Stck	Sicherungsblech	SKF-MB 14	
18	1	Stck	Wellenmutter	SKF-KM 14	
19	1	Stck	Sechskantmutter	DIN 934-M8-10-LH	
20	1	Stck	Gewindestift lang	842-S3-Z1.20	Linksgewinde
21	4	Stck	Zylinderstifte	DIN 7-4m6-16	
22	2	Stck	Kreuzgelenke	W. Elbe 34016100-DIN 808	7146 Tamm
23	3	Stck	Gewindestifte kurz	842-S3-Z1.23	
24	3	Stck	Sechskantmuttern	DIN 934-M8-10	
25	1	Stck	Kraftmeßeinrichtung		
26	4	Stck	Sechkantschrauben	DIN 931-M20x190-10.9	
27	4	Stck	Zylinderschrauben mit Innensechskant	DIN 912-M16x30-10.9	
28	1	Stck	Gegengewicht	842-S3-Z1.28	
29	1	Stck	Sechskantmutter	DIN 934-M12-8	
30	4	Stck	Sechskantschrauben	DIN 931-M8x35-8.8	
31	4	Stck	Federringe	DIN 127-B 8	
32	4	Stck	Federringe	DIN 127-B 12	
33	4	Stck	Zylinderschrauben mit Innensechskant	DIN 912-M12x25-8.8	
34	1	Stck	U-Profil	U 180x400 DIN 1026	St 37-3
35	1	Stck	Lagerdeckel	842-S3-Z1.3	

Stückliste zur Belastungseinheit

Geräteliste für den Versuchsaufbau

Leistungsmesser zur Wirkleistungsmessung

Typ: Wattavi
Meßbereich: 0-25 kW
Klasse: 1,5

Leistungsmesser zur Blindleistungsmessung

Typ: Wattavi
Meßbereich: 0-25 kW
Klasse: 1,5

Strommesser zur Wirkstrommessung

Typ: Wechselstrominstument
Meßbereich: 0-5 A
Klasse: 1,5

Drehzahlmesser

Typ: Digital-Optisch
Meßbereich: $5 \cdot 10^{-3} \ldots 2 \cdot 10^{4}$ min^{-1}
Klasse: 0,025

Temperaturmesser

Typ: Digital-Thermometer
Meßbereich: -20 ... +200°C
Klasse: 1,5

Registriergerät

Typ: Punktdrucker 6-kanalig
Meßbereich: 0-150°C
Klasse: 1

Meßverstärker

Typ: 5 kHz Trägerfrequenzverstärker
Meßbereich: 0,05-50 mV/V
Klasse: 1

Mit Hilfe dieses Aufbaus ist es möglich, Meßdaten zu ermitteln, aus denen der Leistungsfaktor cos φ und der Wirkungsgrad η des zu untersuchenden Elektromotors berechnet werden können.

4.3.2 Versuchsbeschreibung und -durchführung

Vor den eigentlichen Leistungsversuchen war es erforderlich, den Drehwiderstand des Prüfstandes, der sich aus Lagerreibungs- und Lüfterverlusten zusammensetzt, sowohl in Öl als auch in Luft zu messen, da dieser von der zu prüfenden Maschine ständig als konstante Grundbelastung zu überwinden war. Hierzu wurde der Prüfmotor abgekoppelt und die pendelnd installierte Bremsmaschine als Antrieb geschaltet. Das in diesem Betriebszustand mit Hilfe der Kaftmeßeinrichtung ermittelte Drehmoment an der Pendelmaschine entspricht dem Reibungsdrehmoment der Anordnung und wurde bei allen Versuchen als Zusatzlast berücksichtigt.

Die Leistungsversuche dienten dazu, die Drehzahl-Drehmoment-Kennlinie der Maschine aufzunehmen. Hierzu wurde der Versuchsmotor nacheinander mit verschiedenen Bremsmomenten belastet. Die Auftragung der einzelnen Betriebspunkte ergaben in einem Diagramm eine Kennlinie. Bei der Aufnahme der einzelnen Betriebspunkte in Luft galt der Temperatur des Prüfmotors eine besondere Aufmerksamkeit, da eine Überlastung bis zum Kipppunkt des Motors aufgrund der starken Erwärmung nur kurzzeitig erfolgen konnte. Die maximale Wicklungstemperatur wurde dabei überwacht, und bei Erreichen der Grenztemperatur wurde die Maschine abgeschaltet. Im Ölbad kam diesem Punkt keine Bedeutung zu, da aufgrund der verbesserten Kühlung keine kritische Temperaturen erreicht wurden.

Um eine Aussage über die Betriebsübertemperaturen von öl- und luftgekühlter Maschine in Abhängigkeit von der Wirkleistung treffen zu können, wurden Dauerlastversuche durchgeführt. Hierzu wurde der Prüfmotor mit einem konstanten Bremsmoment belastet, so daß die Wirkleistungsaufnahme konstant blieb. Über der Zeit registrierte der Punktdrucker die Temperaturen an den einzelnen Meßstellen des Prüfmotors solange, bis eine konstante

Übertemperatur erreicht war. Diese Versuche wurden in verschiedenen Stufen der Wirkleistungsaufnahme in Luft- und Öl durchgeführt.

Bei einigen Versuchen war eine experimentelle Ermittlung der Grenzübertemperatur aufgrund der hohen Wirkleistungsaufnahmen nicht möglich, da die Wicklung der Maschine wegen der Überschreitung der maximal zulässigen Temperatur gefährdet war. In diesen Fällen wurde für die Auswertung die theoretische Grenztemperatur mittels eines Rechnerprogramms zur Annäherung von Exponential-Funktionen ermittelt. Hierbei wurde die Erwärmungsfunktion der Form

$$\Theta = \Theta_e \cdot (1 - e^{-t/\tau_e})$$

angesetzt.

4.3.2.1 Versuche in Luft

Die Versuche wurden mit der unter 4.3.1 beschriebenen AEG-Maschine durchgeführt, die außer durch das Honen der Statorbohrung, der Öffnungen in den Lagerschilden und das Einfügen der Thermoelemente im Normzustand belassen wurde. Die Maschine war während der Versuche in Luft im oben offenen Behälter installiert. Die Temperatur der zugeführten Kühlluft wurde laufend durch das Temperaturmeßgerät erfaßt. Da die Versuche im Sommer durchgeführt wurden, lag die Umgebungstemperatur zwischen 24 ^{o}C und 30 ^{o}C. In den Auswertungen werden jedoch nur die umgebungstemperaturbereinigten Meßwerte für die Übertemperaturen dargestellt.

Die Versuche wurden so durchgeführt, daß nach dem Einschalten des Temperatur-Registriergerätes und des Prüfmotors der Bremsstrom so eingestellt wurde, daß der Motor während der Versuchsdauer eine konstante Wirkleistung aufnahm.

4.3.2.2 Versuche in Öl

Bei den Unteröl-Versuchen wurden Lüfter und Lüfterleitblech der Maschine entfernt. Dann wurde die im Behälter installierte Maschine komplett mit Öl überflutet, so daß auch der Innenraum mit den Lagern und Wicklungen ganz mit Öl gefüllt war. Der Ölstand lag ca. 10 cm über der Maschine, so daß trotz Rotation der Motorwelle und der Kupplungen keine Luftblasen angesaugt werden konnten.

Zum Schutz gegen etwaige Spritzer wurde die Öloberfläche des Behälters abgedeckt. Mit einem Radialwellendichtring wurde die Wellendurchführung am Behälter gestaltet, die sich ausgezeichnet bewährte.

Im Unterschied zu den Versuchen in Luft wurde die Dauer der Versuche in Öl in der Regel durch die Überhitzung der Belastungseinheit begrenzt; der Versuchsmotor hingegen erreicht durch die ausgezeichnete Wärmeabfuhr im Ölbad keine kritischen Übertemperaturen.

4.3.3 Auswertung der Versuche

Das Ziel der Auswertung ist der Vergleich des Betriebsverhaltens einer Maschine, die einmal unter Öl und zum anderen in Luft betrieben wird. Die Eigenschaften von DAS-Motoren lassen sich durch Kennlinien darstellen. Die Auswertung der Meßwerte ergab die Möglichkeit, folgende für die Maschine charakteristische Kenngrößen in Diagrammen darzustellen:

- Gesamtwirkungsgrad als Funktion des normierten Drehmomentes
- Leistungsfaktor als Funktion des normierten Drehmomentes
- Drehzahl als Funktion des normierten Drehmomentes
- Aufgenommene Wirkleistung als Funktion der abgegebenen Wirkleistung der Maschine
- Aufgenommene Wirkleistung als Funktion der Endübertemperatur der Maschine.

In jedem der aufgeführten Diagramme ist die Kennlinie für die luftgekühlte und für die ölgekühlte Maschine eingezeichnet, so daß ein direkter Vergleich durchgeführt werden kann. Die normierte Darstellung des Drehmomentes ermöglicht eine dimensionslose Bezeichnung der Achse. Als Bezugsgröße wurde das Nennmoment der Maschine in Luft zugrundegelegt. Im folgenden sind die verschiedenen Diagramme der Kennlinien dargestellt und erläutert.

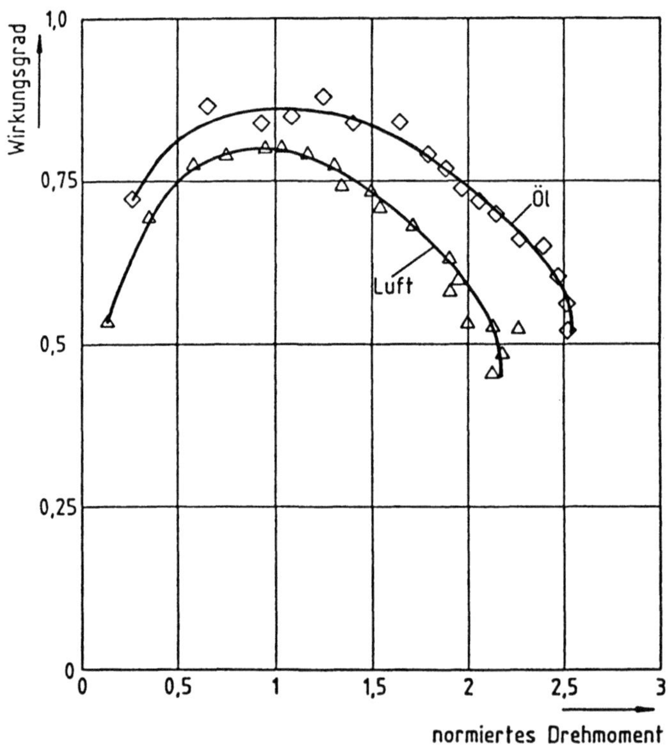

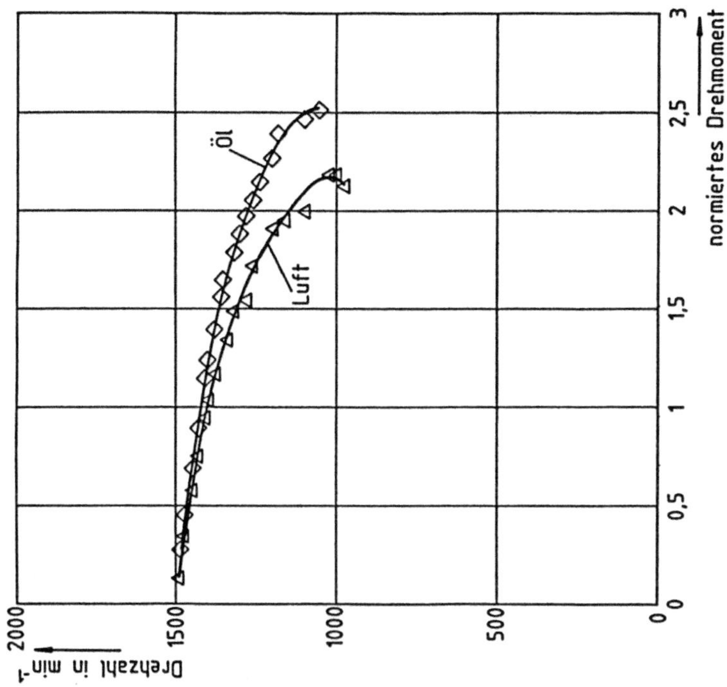

Drehzahl in min^{-1}
2000
1500
1000
500
0
0
0,5
1
1,5
2
2,5
3
normiertes Drehmoment
Öl
Luft

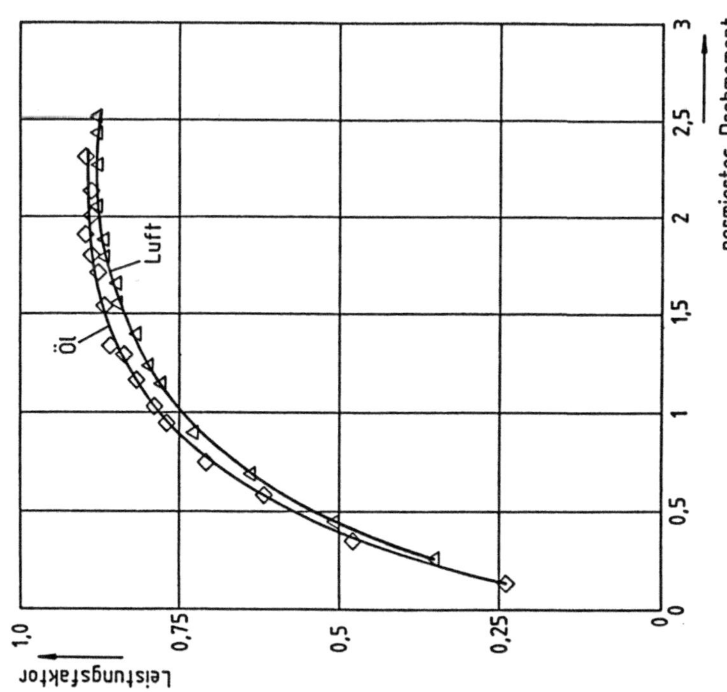

Leistungsfaktor
1,0
0,75
0,5
0,25
0
0
0,5
1
1,5
2
2,5
3
normiertes Drehmoment
Öl
Luft

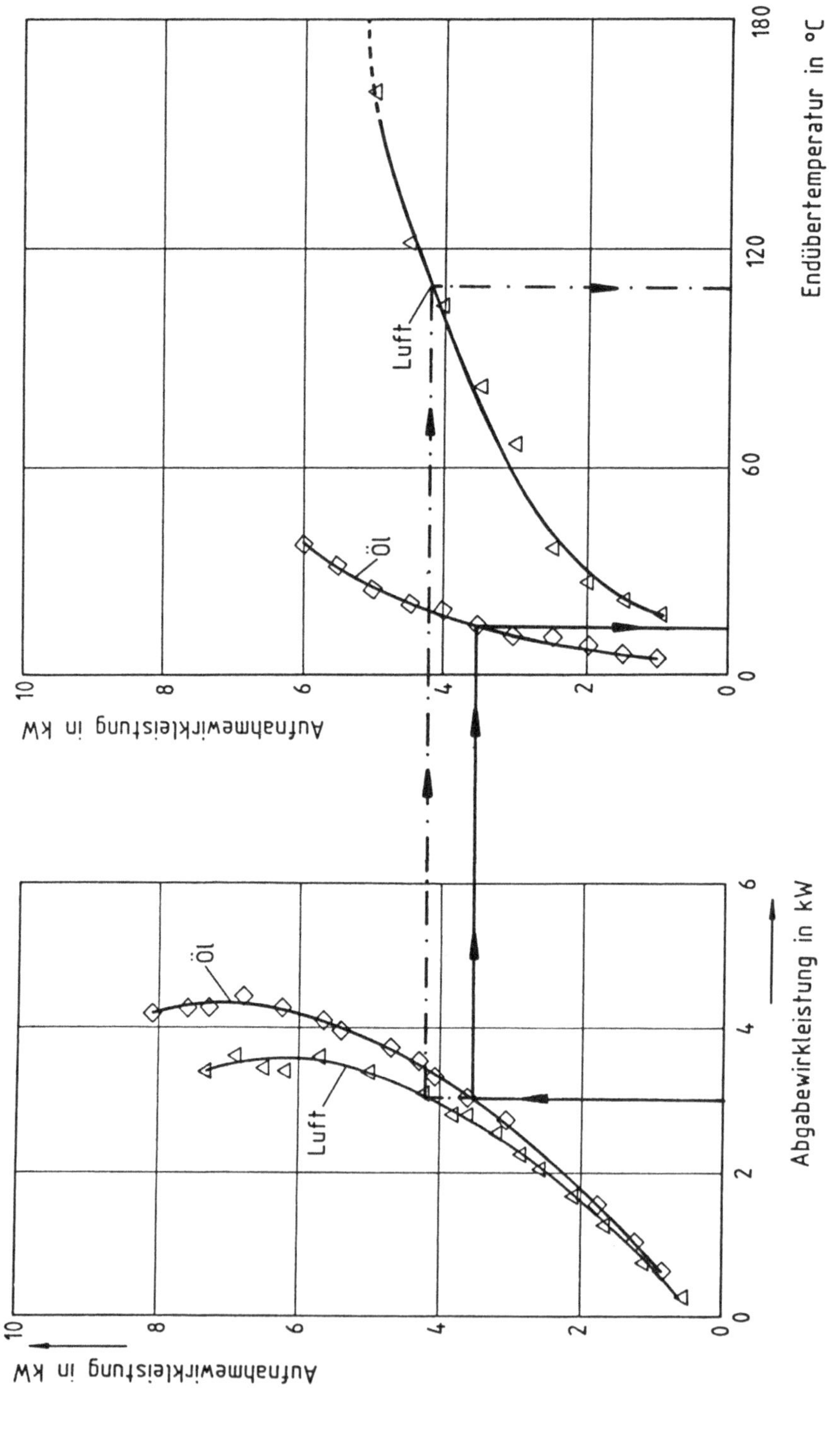

Aufnahmewirkleistung in kW
Abgabewirkleistung in kW
Endübertemperatur in °C
Luft
Öl
Luft
Öl
0
2
4
6
8
10
0
2
4
6
0
60
120
180

Die Wirkungsgrad-Drehmoment-Kennlinie zeigt, daß der Gesamtwirkungsgrad der Maschine, der sich aus dem Quotienten der elektrisch zugeführten Wirkleistung und der mechanisch abgeführten Wellenleistung ergibt, bei Ölkühlung in jedem nutzbaren Drehmomentbereich deutlich über demjenigen bei Luftkühlung liegt. Der Schluß liegt nahe, daß dieser Anstieg durch die verbesserte Kühlung der Wicklungen zu erklären ist, was sich bei den Messungen auch bestätigte. Die elektrischen Verluste aufgrund des Widerstandsanstiegs in den Wicklungen bei Temperaturerhöhung sind aufgrund des geringeren Temperaturanstiegs erheblich geringer. Außer der Wirkungsgraderhöhung ist auch ein Anstieg des Kippmomentes zu verzeichnen, das sich auf einen Wert von ca. 2,6 des Nennmomentes erhöht. Das Kippmoment bei Luftkühlung war bei der vorliegenden Maschine nur schwierig erreichbar, da die Temperatur der Wicklungen sehr schnell in kritische Bereiche anstieg. Die Streuung der Meßpunkte ist aufgrund dieser instationären Versuchsbedingungen bei Luftkühlung erheblich. Die Wirkungsgradkennlinie der Maschine bei Ölkühlung war problemlos bis zum Kippunkt zu durchfahren.

Das Optimum des Wirkungsgrades liegt sowohl bei der luftgekühlten als auch bei der ölgekühlten Maschine in Höhe des Nennmomentes, was aufgrund der firmenseitigen Optimierung der Maschine auf den Nennpunkt hin auch erklärbar ist. Trotzdem liegt der Gesamtwirkungsgrad der ölgekühlten Maschine bei dem 1,5-fachen Nennmoment noch deutlich über dem optimalen Wirkungsgrad der luftgekühlten Maschine.

Betrachtet man die Drehzahl-Drehmoment-Kennlinien so stellt man fest, daß trotz der innerhalb der ölgekühlten Maschine auftretenden Öl-Reibungsverluste die Drehzahl des Motors bis zum Kippmoment der Synchrondrehzahl von 1500 min^{-1} näher liegt als die Drehzahl der luftgekühlten Maschine. Auch dieser Effekt ist der verbesserten Kühlung der Wicklungen zuzuschreiben. Ebenso verhält es sich mit dem Leistungsfaktor. Der Blindanteil ist bei der Ölkühlung geringfügig kleiner als der Wirkanteil. Insofern wird der Leistungsfaktor über dem gesamten nutzbaren Drehmomentbereich geringfügig besser.

Die beiden Schaubilder, in denen die Aufnahmewirkleistung über der Abgabewirkleistung bzw. über der Endübertemperatur dargestellt ist, können als Nomogramm verwendet werden. Das eingezeichnete Ablesebeispiel ist so zu verstehen, daß ausgehend von einer geforderten Wirkleistungsabgabe zunächst die Aufnahmewirkleistung für die ölgekühlte und für die luftgekühlte Maschine bestimmt wird. Dies geschieht, indem man von dem gewünschten Abszissenwert aus senkrecht nach oben bis zum Schnittpunkt mit dem jeweiligen Graph geht. Bewegt man sich von hier aus waagerecht nach links, so kann man den dem Schnittpunkt entsprechenden Ordinatenwert ablesen. Bewegt man sich waagerecht nach rechts in das danebenstehende Schaubild, so kann man auch hier Schnittpunkte mit den Graphen für Öl und Luft finden. Das Lot von den Schnittpunkten auf die Abszisse liefert die Endübertemperatur in °C. Dadurch läßt sich also die Endübertemperatur in Abhängigkeit von der Abgabewirkleistung bei luft- und bei ölgekühlter Maschine einfach finden.

Betrachtet man das Diagramm, in dem die Aufnahmewirkleistung über der Abgabewirkleistung dargestellt ist, so fällt auf, daß die ölgekühlte Maschine bei gleicher Wellenabgabeleistung eine wesentlich geringere Wirkleistung aufnimmt als die luftgekühlte Maschine. Darüber hinaus erreicht die Unterölmaschine Abgabewirkleistungen, die die luftgekühlte Maschine aufgrund der Lage des Kippunktes nicht erbringen kann. Betrachtet man das Diagramm der Aufnahmewirkleistung über der Endübertemperatur, so wird das Leistungsvermögen der ölgekühlten Maschine deutlich. Eine Dauerabgabeleistung, die bei 200% der sonst üblichen Nennleistung der Maschine in Luft liegt, bedingt eine Endübertemperatur von weniger als 50 °C. Die Leistungsabgabe der luftgekühlten Maschine wird dagegen frühzeitig durch die maximal zulässige Wicklungstemperatur begrenzt, die bei Isolierstoffklasse F nach VDE 0530, Teil 1, Anhang II, 155 °C beträgt. Die Temperaturen der Kühlmedien Luft und Öl lagen bei den Versuchen zwischen 20 und 30 °C.

4.4 Versuche mit der Hochdruckanlage

Im Institut für Konstruktion und Fördertechnik der Universität Siegen ist eine Hochdruckanlage installiert, mit deren Hilfe Tiefseebedingungen bis zu einer Tiefe von 6000 m simuliert werden können. Im folgenden wird zunächst die Anlage und anschließend werden die Versuche mit Tiefsee-Antriebsmaschinen erläutert.

4.4.1 Beschreibung der Anlage

Die Versuchsanlage besteht im wesentlichen aus zwei Baugruppen. Die erste Baugruppe umfaßt den eigentlichen Hochdruckbehälter, der im folgenden Foto abgebildet ist. Dieser besteht aus einem zylindrischen Mantelstück und zwei Deckeln, die durch Schrauben mit dem Mantelstück verbunden sind. Der Behälter hat ein Volumen von 0,67 m³ bei einem inneren Durchmesser von 800 mm und einer freien inneren Länge von 1340 mm. Der Betriebsdruck be-

Hochdruckbehälter

trägt 60 MPa bei einer zulässigen Temperatur von 40 °C. Die Gesamtmasse des Behälters beträgt 14 200 kg.

Die zweite Baugruppe der Versuchsanlage beinhaltet die zum Betreiben der Anlage notwendigen Peripheriegeräte. Hier sind diverse Pumpen, Leitungen, Druckmesser, Ventile und Tanks zu erwähnen, eine detaillierte Erläuterung und Funktionsbeschreibung führt an dieser Stelle jedoch zu weit. Erwähnenswert sind lediglich zwei Besonderheiten, einmal eine Entgasungsanlage, durch die die Möglichkeit besteht, den Behälter mit entgastem Hydrauliköl zu füllen. Dies hat den Vorteil, daß nach einem Druckversuch beim Entspannen keine schlagartige Vergasung des normalerweise im Öl unter Druck gelösten Sauerstoffs erfolgen kann. Die zweite erwähnenswerte Ausstattung des Behälters besteht in Kabeldurchführungen durch die Behälterwand, die eine Druckfestigkeit von 1000 bar aufweisen. Es existieren zwei 3polige Energieversorgungsleitungen mit 100 A zulässiger Stromstärke sowie zwei 24polige Kabeldurchführungen für Meßleitungen.

4.4.2 Versuchsbeschreibung und -durchführung

Die Hochdruckversuche sollten nachweisen, daß ein DAS-Motor, der für den Hochdruckeinsatz vorbereitet wurde, bei einem Druck von 60 MPa und einer Belastung nahe der Kippleistung sicher funktioniert. Hierzu wurde der im untenstehenden Foto abgebildete Ver-

Versuchsaufbau für den Hochdruckeinsatz

suchsaufbau geplant und gefertigt. Er besteht aus einem Maschinenrahmen und aus einem 2,2 kW-DAS-Motor, an dessen Welle ein Schiffspropeller als Verbraucher angebracht ist. Zusätzlich wurde ein Drehzahlgeber an die Welle montiert. Zwei induktive berührungslose Aufnehmer, die an einem Magnetstativ befestigt waren, dienten als Drehzahlaufnehmer (vgl. Bild). Das Impulssignal wurde über eine

Induktive Drehzahlaufnehmer für den Hochdruckeinsatz

Kabeldurchführung außerhalb des Behälters gebracht und verarbeitet. Der Versuchsmotor wurde für die Hochdruckversuche in der Weise vorbereitet, daß das Lüftergehäuse und der Lüfter entfernt wurden. Die Lagerschilde der Maschine wurden mit Öl-Füll-Bohrungen versehen. Alle Sacklochbohrungen im Gehäuse des Motors wurden mit 2 mm großen Druckausgleichsbohrungen versehen, damit keine abgeschlossenen Hohlräume entstanden, die unter der Druckeinwirkung zu Schäden hätten führen können.

Zu Beginn des Versuchs wurde das Maschinengestell in den Druckbehälter geschoben und mit Schrauben befestigt. Die Kabeldurchführungen wurden angekuppelt und die Behälterdeckel verschlossen. Nach der Befüllung mit Hydrauliköl wurde zunächst im drucklosen Zustand die Scheinleistungsaufnahme bei verschiedenen Drehzahlen gemessen. Eine Drehzahlregelung des DAS-Motors war über Frequenzwandler möglich. Der Betriebsdruck wurde dann in Stufen von je 10 MPa aufgebracht. Bei jeder Druckstufe wurde eine Leistungsmessung bei verschiedenen Drehzahlen durchgeführt und protokolliert. Bei einem Druck von 35 MPa fiel einer der beiden Drehzahlaufnehmer plötzlich aus, was unter Umständen auf einen Bruch der Leiterplatte zurückgeführt werden kann. Dies war bei früheren Versuchen mit ähnlichen Aufnehmertypen die Ausfallursache.

Der Betrieb des Motors und des zweiten Drehzahlaufnehmers war bis zum Druck von 60 MPa einwandfrei. Es traten ebensowenig Probleme an Leitungen und Kabeldurchführungen auf.

4.4.3 Auswertung der Hochdruckversuche und Darstellung der Ergebnisse

Die Auswertung der während der Hochdruckversuche ermittelten Meßwerte ergab, daß bezüglich der Scheinleistungsaufnahme des Motors nur eine geringfügige Abhängigkeit vom Umgebungsdruck erkennbar ist. Die im nachstehenden Schaubild dargestellte Leistung in Abhängigkeit von Umgebungsdruck und Drehzahl läßt einen geringfügigen Anstieg der Leistungsaufnahme bei steigendem Druck erkennen. Dieser ist vor allem bei höheren Drehzahlen gegeben. Möglicherweise ist dies dadurch erklärbar, daß sich bei niedrigen Drücken aber hohen Drehzahlen am Propeller Turbulenzfelder mit Kavitation bilden und dadurch die vom Propeller umgesetzte Leistung geringer wird. Ein Zähigkeitseinfluß des Öls kann ebenso nicht ausgeschlossen werden, obwohl sich bei kleineren Drehzahlen kein Anstieg der Leistungsaufnahme bei zunehmendem Druck einstellte.
Eine genauere Untersuchung dieses Zusammenhangs von Leistungsaufnahme und Druckanstieg könnte in diesem Punkt Klarheit schaffen. Jedenfalls kann festgestellt werden, daß ein Umgebungsdruck bis

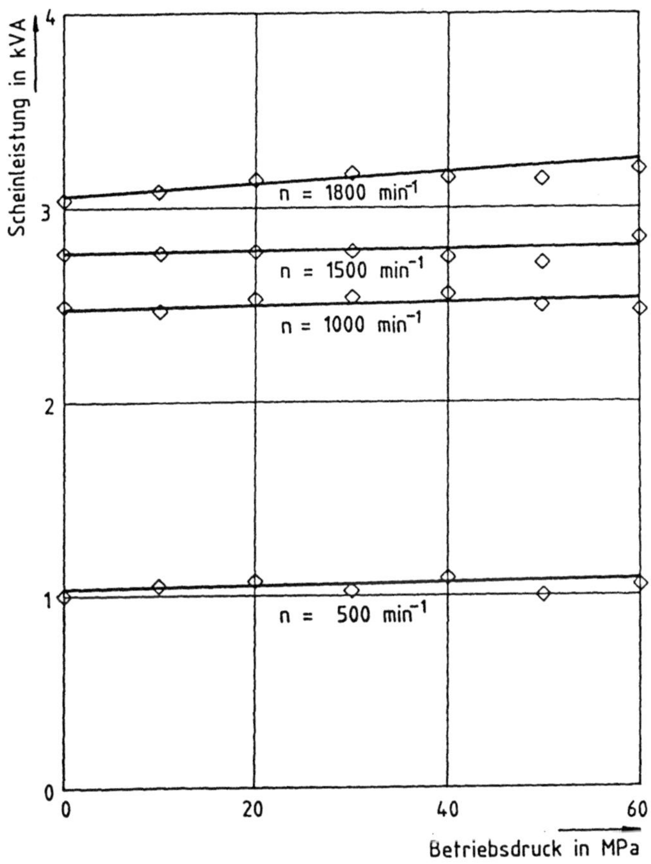

60 MPa keinen wesentlichen Einfluß auf die Leistungsaufnahme einer für den Hochdruckbetrieb vorbereiteten DAS-Maschine hat. Mechanische Schäden an der Versuchsmaschine sind nicht festgestellt worden.

5 Wissenschaftliche Fragestellung zu neuen Problemfeldern

Während der Bearbeitung des Forschungsprojektes ergaben sich an vielen Punkten der Untersuchungen Problembereiche, die eine genauere Betrachtung erfordern; eine endgültige Untersuchung im Rahmen des vorliegenden Forschungsvorhabens war nicht vorgesehen, da die Existenz etwaiger Probleme nicht bekannt war. Im folgenden sind ausgewählte Problempunkte kurz beschrieben, deren Untersuchung z. B. im Rahmen eines Anschlußvorhabens notwendig erscheint.

5.1 Untersuchung des aus Stator und Rotor gebildeten Gleitlagers

Wenn eine DAS-Maschine mit Öl gefüllt ist, so kann man die Anordnung von Stator und Rotor als Lagerschale und Welle eines Gleitlagers sehen. Unter diesem Gesichtspunkt bietet sich ein großes Forschungsgebiet an. Im folgenden werden einige Schwerpunkte von diesbezüglichen Untersuchungen genannt.

5.1.1 Optimierung der geometrischen und magnetischen Spaltweite der Maschine

Der Spaltweite zwischen Stator und Rotor kommt bei den Untersuchungen eine besondere Bedeutung zu. Wenn die Tragfähigkeit des Gleitlagers groß genug ist, um den aufgrund der Exzentrizität auftretenden magnetischen Zug am Rotor aufnehmen zu können, so entfallen die Wälzlager der Maschine. Dadurch fällt dem Stator-Rotor-Gleitlager jedoch auch das Anlaufproblem zu. Hier sind verschiedene Möglichkeiten zu untersuchen. Es bietet sich an, die Rotor- oder die Statoroberfläche mit einem Überzug zu versehen, der gute Verschleißeigenschaften aufweist. Der Anlauf wird dadurch möglich und im Betrieb tritt aufgrund der hydrodynamischen Schmierung keine Reibung mehr auf.

Bei Einbringung eines magnetisch nicht leitenden Stoffes in den Spalt ergibt es sich, daß der geometrische Spalt der Maschine von dem magnetischen Spalt, der durch die Eisenpakete bestimmt wird, abweicht. Es muß natürlich versucht werden, den magnetischen Spalt möglichst klein zu halten, damit die Magnetisierungsverluste in der Maschine klein werden. Das geometrisch vorhandene Gleitlagerspiel darf Mindestgrenzen jedoch auch nicht unterschreiten. Eine Optimierung der Spaltweite muß dahingehend erfolgen, daß die Tragfähigkeit des Gleitlagers in jedem Betriebszustand größer ist als die auftretenden Lagerkräfte, wobei die Leistungsfähigkeit des Motors im Vordergrund steht.

5.1.2 Untersuchung der im Spalt auftretenden Radial- und Axialströmung

Durch die Ölfüllung der Maschine wird der Wirkungsgrad aufgrund der verbesserten Kühlung deutlich besser. Bei größeren Motoren könnte jedoch die Gefahr bestehen, daß die Erwärmung des Öls im Spalt kritisch wird, da die Wärmeabfuhr durch die geringe Spaltweite behindert wird. Um hier Abhilfe zu schaffen, muß im Spalt eine Axialströmung erzeugt werden. Aufgrund der Rotation des Läufers treten auch Radialströmungen auf, die durch die Nutung des Stators beeinflußtwerden. Umfangreiche Untersuchungen der radialen und axialen Strömungen im Spalt der Maschine sollen klären, ob eine ausreichende Wärmeabfuhr aus dem Spalt durch Ölströmungen erreicht werden kann und inwieweit sich die Ausbildung von Strömungen auf die Gleitlagerreibung auswirkt.

5.2 Konstruktive Überarbeitung der Unterölmaschine

Die Unterölmaschine muß für die Anwendung z. B. im Tiefseebergbau konstruktiv den Umgebungsbedingungen angepaßt werden. Ein Gehäuse kann entfallen, da der Motor als Einbaumaschine verwendet wird und in offener Bauart im Ölbehälter installiert ist. Die Wälzlagerung entfällt ebenso, da das Stator-Rotor-System als Gleitlager arbeitet, so daß die Maschine letztendlich nur noch aus

Eisenpaketen und Wicklungen besteht. Eine Wellenkupplung kann im Rotor integriert werden, so daß der gesamte Antrieb auch aufgrund der erhöhten Leistungsfähigkeit äußerst kompakt baut. Da keine Verschleißteile verwendet werden, muß die Zuverlässigkeit der Unteröl-Einbaumaschine trotz Wartungsfreiheit als gut eingestuft werden.

5.3 Untersuchungen über Ausfälle von Unterölmotoren

Hersteller von unter Hydrauliköl betriebenen Motoren berichten übereinstimmend über Ausfälle, deren Ursachen nicht geklärt wurden. Ausfälle dieser Art wurden bei den Versuchen, die diesem Forschungsbericht zugrunde liegen, nicht registriert. Trotzdem erscheint eine eingehende Untersuchung der möglichen Ausfallursachen erforderlich. Hierzu müßten zunächst die elektrischen und magnetischen Eigenschaften der verwendeten Öle im Rahmen von physikalischen Grundsatzuntersuchungen genau erforscht werden. Danach ist es erforderlich, Isolationswiderstände von verschieden isolierten Leitern unter Öl zu untersuchen. Erst dann können Ausfälle möglicherweise auf den Unterölbetrieb zurückgeführt und Problemlösungen erarbeitet werden.

6 Zusammenfassung

Durch das vorliegende Forschungsvorhaben war die Aufgabe gestellt, eine kleine Drehstrom-Asynchronmaschine bei Betrieb in Hydrauliköl und unter einem hohen Druck zu gestalten und zu optimieren. Um diese Aufgabe zu erfüllen wurden 3 Prüfstände konstruiert und eingerichtet, mit deren Hilfe es möglich wurde, einen 2,2 kW DAS-Motor unter Last und unter Druck zu betreiben. Der erste Prüfstand diente für Vorversuche, um die grundsätzliche Betriebsmöglichkeit unter Hydrauliköl nachzuweisen. Hierbei wurde die Temperatur in den Wicklungen der Maschine gemessen.

Der zweite Prüfstand war so ausgestattet, daß eine handelsübliche Normkäfigläufermaschine sowohl in Luft als auch in Öl zu betreiben war. Diese trieb über eine Kupplung eine Bremsmaschine mit Momentenmeßeinrichtung an, deren Last stufenlos verstellbar war. Drehzahl, Leistungsaufnahme und -abgabe sowie Wicklungstemperaturen des Prüfmotors wurden ständig erfaßt. Somit war es möglich, die Drehzahl-Drehmoment-Kennlinien und die Wirkungsgrad-Kennlinien für Unterölbetrieb und für Luftbetrieb aufzunehmen.

Der dritte Prüfstand stellt eine Tiefseesimulations-Anlage dar, mit deren Hilfe in einem Behälter ein Druck von 60 MPa erzeugt werden kann. Der DAS-Motor wurde diesem Umgebungsdruck im Betrieb ausgesetzt. Es wurde die Leistungsaufnahme über dem Druck mit der Drehzahl als Parameter aufgezeichnet. Der Motor war während dieser Versuche mit einer drehzahlabhängigen Last gekoppelt. Die Betriebsmöglichkeit und die Leistungsfähigkeit einer ölgekühlten Maschine unter hohem Umgebungsdruck konnte somit nachgewiesen werden. Die Gestaltung der Maschine wurde so durchgeführt, daß der Motor an den Betrieb unter Hochdruck und unter Öl angepaßt wurde. Hierzu wurden alle Hohlräume des Motors für Öl zugänglich gemacht und alle Lüfterflügel, sowohl im Inneren der Maschine als auch außen, entfernt. Durch diese Maßnahmen war eine Optimierung des Motors für den Unteröl-Unter-Druck-Betrieb möglich. Durch konstruktive Eingriffe in den Aufbau der Maschine ist eine weitere Optimierung sicherlich möglich.

7 Schrifttumsverzeichnis

/1/ GOTTER, G.: Erwärmung und Kühlung elektrischer Maschinen, Springer Verlag Berlin 1954

/2/ STELZER, F.: Wärmeübertragung und Strömung, Thiemig Verlag München 1971

/3/ VOGT, K.: Elektrische Maschinen, 3. Aufl. VEB Verlag Technik Berlin 1974

/4/ NÜRNBERG, W.: Die Asynchronmaschine, 2. Aufl. Springer Verlag Berlin 1979

/5/ SCHLICHTING, H.: Grenzschichttheorie, 5. Aufl. Verlag G. Braun Karlsruhe 1965

/6/ KLAMT, J.: Berechnung und Bemessung elektrischer Maschinen, 1. Aufl. Springer Verlag Berlin 1962

/7/ RICHTER, R.: Elektrische Maschinen, Bd. 1, 3. Aufl. Birkhäuser-Verlag Basel/Stuttgart 1967

/8/ RANDOW, J.: Berechnung der elektrischen und thermischen Kenngrößen einer ölgekühlten Asynchronmaschine. Diplomarbeit Nr. 842-A 14. Universität Siegen 1985.

FORSCHUNGSBERICHTE
des Landes Nordrhein-Westfalen

Herausgegeben
vom Minister für Wissenschaft und Forschung

Die „Forschungsberichte des Landes Nordrhein-Westfalen" sind in zwölf Fachgruppen gegliedert:

Geisteswissenschaften
Wirtschafts- und Sozialwissenschaften
Mathematik / Informatik
Physik / Chemie / Biologie
Medizin
Umwelt / Verkehr
Bau / Steine / Erden
Bergbau / Energie
Elektrotechnik / Optik
Maschinenbau / Verfahrenstechnik
Hüttenwesen / Werkstoffkunde
Textilforschung

WESTDEUTSCHER VERLAG
5090 Leverkusen 3 · Postfach 30 06 20

GPSR Compliance

The European Union's (EU) General Product Safety Regulation (GPSR) is a set of rules that requires consumer products to be safe and our obligations to ensure this.

If you have any concerns about our products, you can contact us on ProductSafety@springernature.com

In case Publisher is established outside the EU, the EU authorized representative is:

Springer Nature Customer Service Center GmbH
Europaplatz 3
69115 Heidelberg, Germany

Batch number: 10584556

Printed by Printforce, the Netherlands